JN141517

デザインの学校

これからはじめる
Webデザインの本 ［改訂2版］

ロクナナワークショップ［著］

技術評論社

本書の特徴

- 最初から通して読むと、体系的な知識・操作が身に付きます。
- 読みたいところから読んでも、個別の知識・操作が身に付きます。

本書の使い方

本文は、解説と図で構成されています。図は解説の内容の補足となっているので、解説を読んでもわかりにくかったり、イメージがしづらかったりしたときの助けとなってくれます。

本書の作例

本書は、「cafe67」という架空のカフェのWebサイトを制作する、という設定で始まります。以下のWebサイトが、作例として実際に制作したデザインになります。この中には、現在のWeb制作に必須の知識が数多く盛り込まれています。
解説に伴い、このWebサイトからいくつかの要素を引っ張ってきて、例として紹介しています。

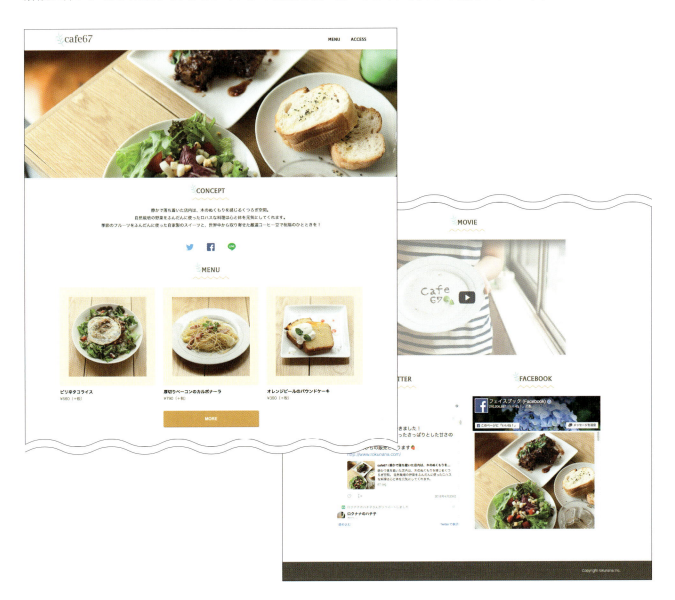

Contents

本書の特徴 ... 2

◆ Chapter 01

Webサイトをデザインする ... 9

Visual Index ... 10

- 01 Webサイトを作る時に考えること ... 12
- 02 Webデザインとは情報を整理すること ... 16
- 03 Webサイトを設計していく方法 ... 18
- 04 Webサイトのプロトタイピング ... 20
- 05 HTMLで意味を与えCSSで見た目を決める ... 22
- 06 画像や映像・地図を入れる ... 24
- 07 Webサイトを見つけてもらう ... 26
- 08 ソーシャルメディアと連携する ... 28
- 09 Webサイトを運用する ... 30
- 10 Webサイトは見る側に依存したメディア ... 32
- Column Webサイト制作を学習するための本の紹介 ... 34

◆ Chapter 02

最低限コレだけは！
インターネットのしくみを知っておこう … 35

Visual Index … 36
- 01　インターネットにつながるデバイス … 38
- 02　コンピュータのしくみ … 44
- 03　インターネットのしくみ … 48
- 04　IPアドレスとURL … 50
- 05　ワールド ワイド ウェブ … 52
- 06　インターネットの歴史 … 56
- Column　インターネットに接続する方法 … 60

◆ Chapter 03

HTMLやCSSなど、
Webブラウザ側の技術を知ろう … 61

Visual Index … 62
- 01　Webサイトを構成する要素 … 64
- 02　HTMLは文章の構造定義 … 66
- 03　HTMLの見えている部分body要素 … 68
- 04　HTMLの見えない部分head要素 … 70
- 05　CSSでWebページを見やすくする … 72
- 06　Webサイトのデザインの考え方 … 76
- 07　ユーザインターフェース … 80
- Column　スマートフォンでの表示を確認する … 84

◆ Chapter 04

Webサイトの構成要素
画像・文字・映像 85

Visual Index 86

- 01 ディスプレイの大きさと解像度 88
- 02 画像ファイルの種類と特徴 92
- 03 画像ファイルの基本はビットマップ 94
- 04 ビットマップ画像を表示する 98
- 05 イラストや図が得意なベクター画像 100
- 06 canvas要素とWeb3D 102
- 07 画面に文字を表示するフォント 104
- 08 アイコンフォント 106
- 09 映像（動画）の活用 108
  - Column 映像ファイルの転送レート 112

◆ Chapter 05

動的なWebサイトを作る技術 113

Visual Index 114

- 01 HTMLのフォーム要素 116
- 02 JavaScript 118
- 03 JavaScriptライブラリ 120
- 04 HTML5 API 122
- 05 外部のWebサービスを活用する 124
- 06 シングルページアプリケーション 126
  - Column 外部のWebサービスを使うことの危険性 128

◆ Chapter 06

Webサイトを保存・管理・生成する Webサーバ側の技術 ... 129

Visual Index ... 130

- 01 さまざまな種類のサーバ ... 132
- 02 クラウドコンピューティング ... 134
- 03 サーバのOS ... 136
- 04 Webサーバ ... 138
- 05 データベースサーバ ... 140
- 06 Webアプリケーション ... 142
- 07 Webアプリケーションフレームワーク ... 144
- 08 コンテンツマネージメントシステム ... 146

Column これからも広がるWebデザインの世界 ... 148

索引 ... 154

免責

本書に記載された内容は、情報の提供のみを目的としています。したがって、本書を用いた運用は、必ずお客様自身の責任と判断によって行ってください。これらの情報の運用の結果について、技術評論社および著者はいかなる責任も負いません。
本書記載の情報は、2018年8月現在のものを掲載していますので、ご利用時には、変更されている場合もあります。
また、アプリケーションに関する記述は、特に断わりのないかぎり、2018年8月現在での最新バージョンをもとにしています。アプリケーションはバージョンアップされる場合があり、本書での説明とは機能内容や画面図などが異なってしまうこともあり得ます。
以上の注意事項をご承諾いただいた上で、本書をご利用願います。これらの注意事項をお読みいただかずに、お問い合わせいただいても、技術評論社および著者は対処しかねます。あらかじめ、ご承知おきください。

商標、登録商標について

本文中に記載されている会社名、製品名などは、それぞれの会社の商標、登録商標、商品名です。
なお、本文にTMマーク、®マークは明記しておりません。

◆ **Chapter** 01

Webサイトを
デザインする

Visual Index ▶ Chapter 1

Webサイトをデザインする

- 企画・構成
- 情報設計
- 文字情報の整理
- UI（ユーザインターフェース）設計
- 画面デザイン

Webサイトを作ることは難しくありません。Webページの情報は文字なので、メモ帳アプリで「こんにちは」と書いて保存すれば1ページできあがりです。しかし、そのファイルを自分以外の誰かに見てもらおうと思ったら、そのファイルを見てもらえる環境に設置する必要があります。また文字に色をつけたり写真を入れたりするには、そのような指示を書き足す必要があります。第1章では、Webサイトを作る流れを大まかに理解し、どのような手順が必要なのかを理解していきましょう。

- コーディング
- プログラミング

- 公開
- 宣伝・共有・運用

第1章 ▶ Webサイトをデザインする

lesson.01 Webサイトを作る時に考えること

お店のオーナーからの依頼で、ホームページ（＝Webサイト）を作ることになったという想定で制作の流れを見ていきましょう。

Webサイトとは何か

企業、学校、商品、情報。今やWeb上には、すべてのモノ、ヒト、コトについての情報があるといっても過言ではありません。これらの情報を整理して、インターネットを使って閲覧できるように掲載しているものを**Webサイト**といいます。また、普段なにげなく利用しているGoogleやYahoo!などの検索サイト、お店や旅行の予約サイト、オンラインショッピングのサイトなども、規模が大きいだけでWebサイトであることに変わりはありません。

以前は新商品や新規開店のお知らせなど、紙のチラシを新聞配達に混ぜたり、テレビで紹介されるように広告を出したりと、多くの人に知ってもらうための露出に多大なお金がかかっていました。そのため、予算規模の小さい街の商店やカフェの新商品は、たとえよいものであっても多くの人に知ってもらうことは困難でした。しかしインターネット上のWebサイトなら予算の大きな商品との露出の差は小さくなり、少ない予算でもそれなりの露出を得ることができます。

原宿のはずれに新しくカフェができました。建物は古いですが、内装はリノベーションで隠れ家っぽい雰囲気です。

◆ Webサイト（ウェブサイト／一般的にホームページも同じ意味）

どのようなWebサイトを作るのか

例えば新しくオープンするカフェの、Webサイト制作の依頼があったとします。カフェのオーナーの希望は、以下のようなものでした。Webサイト制作者は、これらのリクエストをもとにWebサイトを作っていくことになります。制作にあたっては、このオーナー（依頼者）に満足してもらえるかどうかということに加え、実際に「Webサイトを見てくれる人」のことを意識する必要があります。

● **カフェのオーナーの希望**

- カフェを多くの人に知ってもらいたい
- アットホームな雰囲気を伝えたい
- 場所がわかりにくいので地図を載せたい
- 美味しそうなメニュー写真をたくさん見せたい
- 映像も載せたい
- Facebook（SNS）でいいね！をもらいたい
- Instagram（インスタグラム）やTwitter（ツイッター）で話題になりたい
- Webサイトから問い合わせや予約につなげたい

Webサイト制作の流れ

Webサイトの制作は、難しいものではありません。Webサイトを見ている人、使っている人、すべての人がWebサイトを作ることができます。誰もがWebサイトを作ることができるというのは、とても重要なことです。Webサイトを通して、お店や商品、あなた自身に、世界中の注目が集まる可能性があるのです。

Webサイトを作る方法も、多種多様です。アメーバブログ（アメブロ）などでブログを書くことや、Facebookページを作って投稿すること、Wixなど無料でWebサイトを作れるサービスを利用することも、広い意味ではインターネットを使った情報発信であり、Webサイトといっても過言ではありません。これらの方法は、予算や目的に合わせて選択すればよく、どれが正解・不正解ということはありません。多くのWebサイトの制作は、大きく以下のような流れで進行します。

❶ 打ち合わせ

依頼者との間で、希望するWebサイトの完成イメージや要望を共有します。

❷ 撮影／取材

動画や静止画の撮影、原稿作成など、そのWebサイトに必要な素材を作成します。

❸ Webサイトの設計／制作の段取りを考える

Webサイト全体の設計、文字要素の整理、各種素材の手配、Webサイトの完成像を共有します。

❹ 素材の加工

情報の整理、写真の加工、映像編集などを行います。

❺ システム設計

Webサイトの技術的な設計を検討し、実装に入ります。

※ ❸、❹、❺は並行作業

- HTML（エイチティーエムエル／ハイパー テキスト マークアップ ランゲージ／HyperText Markup Language →詳しくはP.22）
- CSS（シーエスエス／カスケーディング スタイル シート／Cascading Style Sheets →詳しくはP.23）
- Wix（ウィックス／無料でWebページが作れるサービス／https://ja.wix.com）

❶、❷の行程は、雑誌やテレビ番組などの制作と同じです。実際に取材し、プランナーやプロデューサーがどのような内容のWebページを作るのかを考えていきます。❸はディレクター、マネージャーが各種段取りを考えて進めます。❹、❺はグラフィックデザイナー、❻、❼はシステムエンジニアやプログラマーが担当することもあれば、これらをまとめてWebデザイナーが担当することもあります。

Web制作において、各担当者の作業範囲は非常に曖昧です。場合によっては1人のWebデザイナーがすべてを担当する場合もありますし、数十人が関わっていることもあります。これがよいか悪いかは別にして、1人でも大人数でも、予算が5万円でも1000万円でも、できあがった結果がインターネットという同じ土俵に乗ることが、Webサイト制作の最大の面白みではないでしょうか。

❻ UI設計／ビジュアルデザイン

Webサイトの見た目をデザインします。

❼ 実装マークアップ／プログラミング

HTML、CSS、JavaScriptといったプログラミング言語やCMSで、Webサイトを制作します。

❽ 確認／検証／修正

Webサーバにファイルを保存して、確認、検証、修正を行います。

❾ 公開／運用

Webサイトを公開します。運用開始後は、更新を続けます。

※ ❻、❼は並行作業

- **JavaScript**（ジャバスクリプト→詳しくはP.118）
- **CMS**（シーエムエス／コンテンツ マネージメント システム／Content Management System→詳しくはP.146）
- **Webサーバ**（ウェブサーバ／Web server→詳しくはP.132）

第 1 章 ▶ Webサイトをデザインする

lesson. 02 Webデザインとは情報を整理すること

Webデザインとは、「かっこいい見た目を作ること」ではありません。情報を整理して、インターネット上に展開することです。

情報を設計（デザイン）する

Webデザインとは、「見た目」のデザインを作ることではありません。依頼者との打ち合わせの中で出てきた情報を整理して、Webサイトという形にアウトプットすることです。それによって、依頼者が「伝えたいこと」を、Webサイトを見る人に正しく「伝える」ことができるようになります。

Webデザインの「デザイン」とは、**情報のデザイン**である、ということを覚えておきましょう。

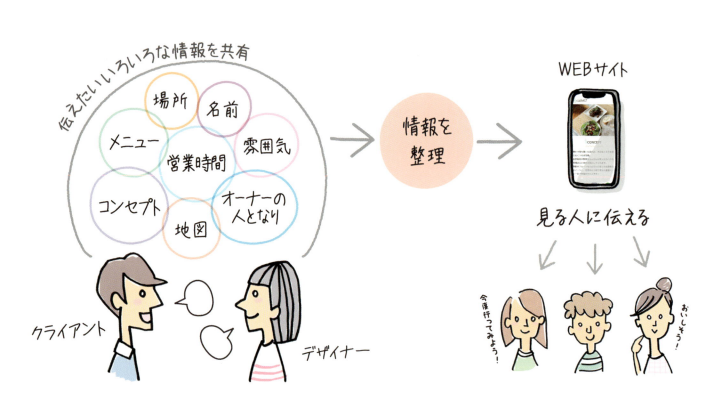

正しく伝わる文字情報が重要

Webサイトを見る人にとってもっとも重要なのは、**文字情報**です。ユーザは何か知りたいことがあってWebサイトを訪れます。きちんと整理された文字情報があるかどうかによって、Webサイトに対するユーザの評価が決まります。

またWebサイトを訪れる多くの人は、Google（グーグル）などの検索サイトを経由してWebサイトにたどり着きます。検索サイトは、プログラムがWebサイトの情報を収集・評価することによって検索結果を表示しています。検索サイトが行っていることも、人ではなくコンピュータがWebサイトの文字情報を解釈していることに他なりません。適切な見出しや本文、それを補足する情報など、人間にもコンピュータにも、正しく伝わるように表現する必要があります。

Webページの中身（HTMLソースコード）

見出し

```
<section>
<h1>CONCEPT</h1>
<p>静かで落ち着いた店内は、木のぬくもりを感じるくつろぎ空間。
自然栽培の野菜をふんだんに使ったロハスな料理は心と体を元気にしてくれます。
季節のフルーツをふんだんに使った自家製のスイーツと、世界中から取り寄せた厳選コーヒー豆で至福のひとときを！</p>
</section>
```

段落（本文）

テキスト内のHTMLタグによって、文章の役割がWebブラウザに伝わります。

Webブラウザでの表示

CONCEPT

静かで落ち着いた店内は、木のぬくもりを感じるくつろぎ空間。
自然栽培の野菜をふんだんに使ったロハスな料理は心と体を元気にしてくれます。
季節のフルーツをふんだんに使った自家製スイーツと、世界中から取り寄せた厳選コーヒー豆で至福のひとときを！

第1章 ▶ Webサイトをデザインする

lesson.03 Webサイトを設計していく方法

Webサイトの制作は、家を建てることに似ています。構想し、設計し、制作し、更新していきます。Webサイトの設計段階では、さまざまな手法を使います。

サイトマップ／ワイヤーフレーム

Webサイトの制作は、最初に依頼者と相談をしながら構想するところから始めます。そして構想が固まったら、設計段階へと進みます。Webサイトの設計段階では、**サイトマップ**や**ワイヤーフレーム**といった資料を作成します。

サイトマップは、Webサイトの設計図です。サイトマップによって、制作者と依頼者との間でWebサイトの完成イメージを共有します。サイトマップの作り方はPowerPointやIllustratorなどなんでもよく、内容が正しく共有できるなら手書きでも大丈夫です。ワイヤーフレームは、1ページに配置する情報を共有するために作成する資料です。1ページ内の情報の優劣を考え、文字、写真、表やフォームなどの要素をどのように配置するかをまとめ、ページ単位での設計図とします。

▶サイトマップ

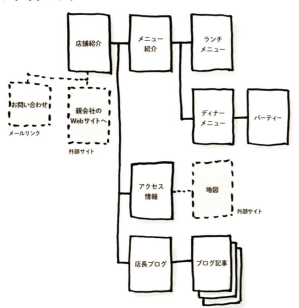

▶ワイヤーフレーム

◆ **PowerPoint**（パワーポイント／ Microsoft社のオフィスアプリケーション）
◆ **Illustrator**（イラストレーター／ Adobe社のデザインアプリケーション→詳しくはP.34）

デザインカンプ

Webサイトの完成イメージを絵にしたものを、**デザインカンプ**といいます。ワイヤーフレームが機能を検討するものであるのに対し、デザインカンプは見た目のイメージや雰囲気を検討するためのものです。このデザインカンプを見本に、HTMLやCSSといった言語でWebページをプログラミングしていきます。

パソコンでの見た目

スマートフォンでの見た目

ここではスマートフォンやパソコンでのWebページの見え方を、Photoshopで作って確認しています。青い縦線はPhotoshopのガイドラインです。

◆ デザインカンプ（comprehensive layout／完成形を再現した見本、カンプ）

第1章 ▶ Webサイトをデザインする

lesson.
04
Webサイトの
プロトタイピング

Webサイトの制作を始める前に、設計や構成が正しいかどうかをプロトタイプを作って検証します。

プロトタイピングとは

家や自動車などを実際に作ってから、機能や安全性を検証するわけにはいきません。作り始める前にプロトタイプ（検証用の試作品）を作って検証する作業を、**プロトタイピング**といいます。

これをWebサイトの制作でも同様に行うことで、作ってしまってから作り直す箇所が発生するといった自体を避けることができます。

前ページのデザインカンプは印刷など静止画のデザインから発生した概念で、主にできあがりの色や形を「止まった状態」で確認するものです。見た目よりも操作性が重視されるWebサイトの制作においては、デザインカンプよりもプロトタイピングの方が完成像の確認には適しています。

▶ プロトタイピング

✓ Check! プロトタイピング用アプリケーション

● **Adobe XD**
PhotoshopやIllustratorなどのデザインアプリケーションと共通の操作方法でプロトタイピングが可能なアプリケーションです。スマートフォンを接続して、動作を確認することも可能です。

● **Sketch**
Webサイト、アプリケーション制作においてプロトタイピングが可能なmacOS用のアプリケーションです。特にXcodeとの連携機能が充実しており、iPhoneアプリの制作にも使われています。

◆ プロトタイピング（Prototyping／モックアップもだいたい同じ意味）

Webサイト制作時のプロトタイピング

Webサイトは、ポスターのような1枚の印刷物ではありません。複数のページ、階層を移動（遷移）しながら、情報を伝えるメディアです。サイトマップの通りに画面遷移を組み立てておかしな箇所がないかを検証したり、ワイヤーフレームの通りに画面を組み立てて不自然なUIになっていないかを確認し、改善していきます。実際の制作を始める前にプロトタイプを作っておくことで、Webサイトが適切に機能するかどうかをあらかじめ確認することができます。

▶ **Adobe XDで画面遷移を指定**

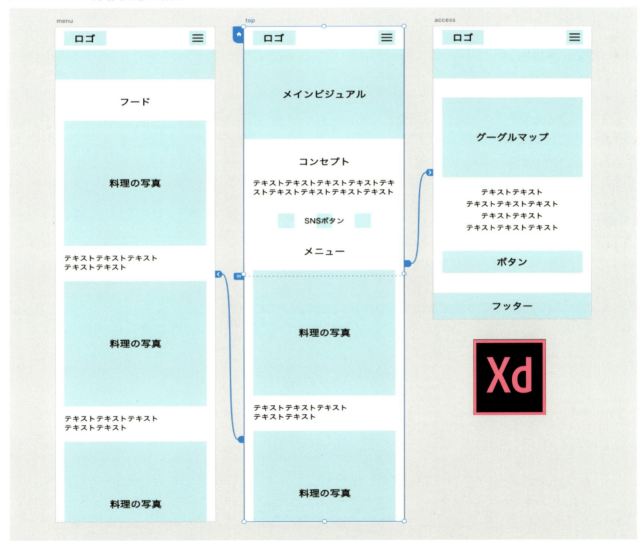

◆ UI（ユーアイ／ユーザインターフェース／ User Interface）

第1章 ▶ Webサイトをデザインする

lesson.05 HTMLで意味を与えCSSで見た目を決める

普通の文章とWebページの文章で、大きく異なる点が1つあります。文字をクリックすると別のページに遷移する、ハイパーリンクがあるかどうかです。

HTMLで文章の役割を決める

Webサイトは、**HTML**（エイチティーエムエル）と呼ばれる言語によって作られています。HTMLはHyperText Markup Languageの略で、「ハイパーテキストをマークアップするための言語」という意味です。

ハイパーテキストは、クリックすると別のページに遷移する**ハイパーリンク**というしくみを持ったテキストです。これはインターネットが始まる以前からあったしくみなのですが、インターネットによって一気に広まりました。

マークアップは、「文章にマークを追加していく」という意味です。HTMLには「タイトル」「箇条書き」「段落」などの意味を持つマークがあり、これらを**タグ**と呼びます。タグを記述することで、それぞれの文章の役割を明確にすることができます。

▶新聞の1面を例に文章の役割を考える

HTMLタグ

- title：日本の新聞なら右上に、外国の新聞なら上部に、その新聞の名前が書いてあります
- h1：その次に大きな見出しが入り、その下に大きな写真が入ります
- img
- h2：途中に小見出しが入ります
- p：そして、本文がきます

CSSで文章の見せ方を決める

HTMLによって意味を与えられた文章に、**CSS**（シーエスエス）で見た目の表現を与えます。CSSはCascading Style Sheetsの略で、Webページの見せ方を指定するための言語です。例えばHTMLで「一番重要な見出しである」と決めた要素に対して、それをどう見せるかを決めるのがCSSの役割です。

CSSも、中身は以下のようなテキストファイルです。

HTMLファイルの中に混ぜて書くことも、独立したテキストファイルにすることもできます。また、CSSファイルを単独でWebブラウザで開いても何も表示されません。あくまでもHTMLなどとセットで使われて、はじめて機能します。CSSによって文字のサイズ、背景の色、右寄せ左寄せなどのレイアウト、画像の表示など見た目に関わるあらゆる部分を決めていきます。

内容は「MENU」という文字ですが、その大きさや色などをCSSで指定することで、見た目は大きく変わります。

JavaScriptで動かす

HTMLやCSSと並んで、Webブラウザに関係のある言語がJavaScriptです。JavaScriptを使うと何枚もの写真をクリックで切り替える、メールアドレスが正しい形式か確認するといった、HTMLの一部分を動かしたり、書き換えたりして、ユーザの動作に合わせてWebページを変化させることが可能になります。また、HTMLがマークアップというタグ付けのルールであるのに対して、JavaScriptは立派なオブジェクト指向言語なので、プログラミングの入門にも適しています。

◆ JavaScript（ジャバスクリプト／名前が似ているがJava言語とは無関係）

第1章 ▶ Webサイトをデザインする

lesson. 06 画像や映像・地図を入れる

Webサイトを見る時、文章よりも、写真や図などの画像や動いている映像に目が行きます。画像や映像などの要素は、文章と同じくらい重要です。

画像を入れる

Webサイトにとって、**画像**はとても重要な要素です。ユーザにとっては、文字よりも画像の方が魅力的に映ることも多く、また文字では表現しきれない情報を提供できる場合があります。画像は、HTML内で画像ファイルを指示することによって表示されます。

とはいえGoogleなどの検索エンジンは、文字情報に比べて画像を認識することはいまだ不得意です。今後、検索エンジンの画像認識の精度は上がってくることが予想されますが、現在のところ文字情報を優先して考える必要があります。

写真はJPEGファイルとして用意します。人間は写真が多いと見ていて楽しいですが、コンピュータにとっては写真はただの画像ファイルであり、タコライスとカルボナーラの区別も不得意です。そのため、コンピュータが何の画像なのかを理解できるように手助けする補足情報（alt属性など）を、HTMLファイルに文字で追記しておきます。

地図を入れる

Webサイトに必要な情報のひとつに、会社や店舗などの**地図**があります。いちから作ってもよいのですが、手間がかかります。そこで、地図を借りてくることができる地図サービスを利用してみましょう。

例えばGoogleマップであれば、自分のWebサイトのHTMLに、埋め込み表示用のHTMLをコピー&ペーストするだけです。多くの場合、無料で借りてくることができます（アクセス数に応じて有料）。

地図の画像と、地図表示の移動や拡大・縮小といった機能をまるごと借りることができます。

映像を入れる

最近は、Webサイトに**映像**を掲載することも増えてきました。画像と異なり、映像はファイルサイズがけたちがいに大きくなります。さまざまな環境で正しく、速く表示させるためには、専用のサーバを用意したりファイル形式を調整したりするなど、専門的な知識が必要になります。

そのため、多くの場合YouTubeなどの映像共有サービスを利用する方法をとります。サービス上に載せることで、そこからのユーザ流入も期待できます。映像ファイルをアップロードし、埋め込み表示用のHTMLを自分のHTMLにコピー&ペーストするだけなので利用方法も簡単です。

動画はYouTubeにアップロードしてから、Webサイトに設置します。

◆ **Google**マップ（グーグルマップ／Google社の地図サービス）
◆ **YouTube**（ユーチューブ／Google社の映像共有サービス）

第1章 ▶ Webサイトをデザインする

lesson.07 Webサイトを見つけてもらう

Webサイトは「検索される」ことによって、誰かに見つけてもらえます。まずは、検索エンジンにWebサイトを見つけてもらうことが重要です。

検索サイトとは

Googleに代表される**検索サイト**は、ユーザがキーワードを入力することで、そのキーワードに関連するWebサイトの一覧を表示してくれます。検索サイトは、インターネット上の情報を集めるプログラムを常に動かして最新情報を集めています。このプログラムを、検索エンジンと呼びます。

検索エンジンに見つけてもらえないWebサイトは、検索結果に表示されません。また、検索サイトに正しいキーワードで認識してもらえないと、本来見てもらいたい人の検索結果にWebサイトが表示されないということになります。

年齢、国、男女を問わず、インターネットを使うということは、何かを調べることと同義になっています。その調べる（＝検索）時に利用しているのが、Googleなどの検索サイトです。

26

実は単純なSEOの基本

検索エンジンは、Webサイトの内容を判断し、そのWebサイトがユーザにとって有益かどうかの評価を行っています。その評価に従って、検索結果に表示される順位が決まります。自分のWebサイトが検索エンジンから正しく評価されるように調整することを、**SEO**といいます。

SEOは難しいものではありません。Webサイト内の情報を段落ごとに正しく分類し、適切な見出しをつけ、ページ全体にわかりやすいタイトルをつけておくようにします。このように情報を整理することで、検索エンジンがWebサイトを正しく認識、評価できるようになります。

固有名詞（cafe67など）ではなく一般名詞（カフェや原宿など）で検索した場合、検索結果の上位に表示されるのはなかなか難しいものです。

✓ Check!　検索サイトはGoogleだけ？

検索サイトとして有名なものに、Yahoo!、Google、Bingがあります。日本国内において、Yahoo!は内部でGoogleの検索エンジンを利用しているため、Googleとほとんど同じ検索結果になります。MicrosoftのBingは、独自の検索エンジンです。検索分野ではGoogleの市場占有率（シェア）が大きすぎるため、SEOは、事実上Google対策になります。

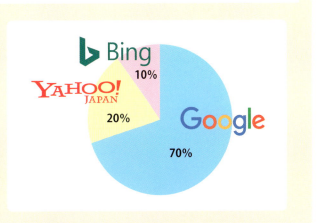

◆ **SEO**（エスイーオー／Search Engine Optimization／検索エンジン最適化）

第 1 章 ▶ Web サイトをデザインする

lesson.
08 ソーシャルメディアと連携する

Webサイトの情報を多くの人に共有、拡散してもらうために、ソーシャルメディア（SNS）との連携を考えましょう。

ソーシャルメディアとは

ソーシャルメディア（特に**SNS**）は、インターネット上のコミュニティサイトの総称です。匿名で気軽に書き込めるものから、電話で認証しないと会員になれないものなど、さまざまです。

代表的なSNSに、Facebook、Instagram、Twitterがあります。LINEもSNSの1つですが、日本やアジアの一部の国を除いてほとんど使われていません。SNSによって、主要な利用者の年齢が異なります。

 LINE（ライン）

メッセージを送るためのサービスです。日本国内で圧倒的なユーザシェアを確保しています。

 Facebook（フェイスブック）

世界最大のSNSです。ユーザの中心年齢は40代です。

 Twitter（ツイッター）

少ない文字数（日本語140文字）の文章と画像の共有サービスです。ユーザの中心年齢は20〜30代です。

 Instagram（インスタグラム）

Facebookが運営する画像や映像の共有サービスです。ユーザの中心年齢は20代です。

SNSとWebサイトの連携

例えばWebページにFacebookの「いいね!」ボタンを設置すると、内容を気に入ったユーザがボタンを押してくれる可能性があります。ボタンが押されると、そのユーザ自身のFacebookのタイムラインに、このページを「いいね!」したことが掲載されます。これがそのユーザの友達に伝わることにより、新しいユーザが閲覧に訪れる可能性が生まれます。

また、Facebookからリンクが作られることにもなるため、結果的に検索エンジン対策になり、Webサイトの宣伝となります。

各SNSで共有してもらうためのボタン

◆ **SNS**（エスエヌエス／ソーシャル ネットワーキング サービス／Social Networking Service）

SNSを活用する

TwitterやInstagramなどへの投稿内容やFacebookのタイムラインは、Webページに埋め込むことができます。例えば今日のランチメニューをInstagramに投稿することで、Instagram内で宣伝になることはもちろん、その情報を自動的にWebページに掲載させることが可能になります。Webページそのものを更新することも大切ですが、時間や労力を考えると、SNSをうまく活用することで結果的にメリットが大きくなることもあります。

SNSの情報をWebページ内に表示するしくみは、各SNS側で配布している場合があります。

✓ Check!　SNSは対象国も重要

SNSは対象国も重要です。例えば、中国のSNS事情はその他の国々とは異なります。中国国内ではインターネットへの接続が規制されています。そのため、アメリカのサービスであるFacebookやTwitterなどは利用しにくく、同等の機能を持った中国国内のサービスが利用されています。中国の人口は16億人と巨大なため、1国内での利用にも関わらず、利用者数はFacebookやTwitterに匹敵する数字になっています。

LINEが日本国内だけで圧倒的なシェアがあるように、世界各国それぞれで異なるSNSが使われています。Webサイトで海外や旅行者に向けた情報配信を考えている場合は、注意が必要です。

第 1 章 ▶ Web サイトをデザインする

lesson. 09 Web サイトを運用する

Web サイトの完成は、制作のゴールというだけではなく、運用のスタートになります。運用にあたっては、さまざまなツールを活用することができます。

Web サイトの運用

Web サイトは、完成して公開すれば終わりというわけではありません。そこからは、Web サイトの運用が始まります。どのページが見られているか、どのボタンが押されているかといった情報を解析し、より使いやすいように、見てもらいやすいように、内容を改善し続ける必要があります。Web サイト運用のPDCAサイクルは、次のようなものになります。

PDCA

Plan　計画する
- 毎月100件以上Webサイトからのお問い合わせが来るようにしたい
- Webサイトからの売り上げを今の2倍にしたい

Do　実行する
- メールマガジンを出してみる
- 広告を出稿してみる
- 写真を変更してみる
- キャッチコピーを変更してみる

Check　結果を見る
- 広告の成果を確認する
- Googleのアナリティクスなどのツールを使って調査する

Action　対策を立てる
- 立てた計画に対しての達成度から、次に何をするべきか考える

Googleのツールを活用する

Googleは、Webサイト運営のための便利なツールを提供しています。これらのツールを活用することで、Webサイトを効率的に運用することができます。Googleが提供するツールには次のようなものがあり、いずれも無料で利用できます。

なぜGoogleはこうしたツールを無償で提供しているのでしょうか？ Googleは世界最大のインターネット広告会社でもあります。これらのツールを介して、Googleは世界中のWebサイトの情報を収集・計測することができます。こうして集めた情報は、Googleが運営する広告表示の最適化に利用しています。そのため、有益なツールを無償で提供できるのです。

● アナリティクス

Webサイトのアクセス解析サービスです。誰が、どこから、どのページに、どのくらいアクセスしたかといった情報を受け取り、分析することができます。

● サーチコンソール

Webサイトの運用に必要な情報を、総合的に管理するためのツールです。

● タグマネージャ

各種広告媒体や計測サイトから提供される、「計測タグ」と呼ばれるソースコードを管理するためのツールです。複数の計測タグをソースコードに直接貼ると管理が大変なので、タグマネージャを使います。

▶サーチコンソール

第1章 ▶ Webサイトをデザインする

lesson.10 Webサイトは見る側に依存したメディア

新聞や雑誌といったメディアは、誰の目にも同じように見えています。それに対してWebサイトは、見る側の環境によって見え方が大きく変わります。

見る環境によって見え方がちがう

Webサイトは、**見る側の環境**に依存したメディアであるといえます。新聞や本は、誰がどこで見ても同じように見えます。またテレビは、画面サイズのちがいはあるものの、見えている映像は同じものです。それに対してWebサイトでは、スマートフォンとパソコンとでは見え方が大きく変わります。横に長い画像を配置しておくと、パソコンの横長のディスプレイでは迫力のある見え方になりますが、スマートフォンの縦長のディスプレイでは短い横幅に合わせて小さく表示され、逆に見にくくなります。Webサイト制作者は、見る側の環境によって見え方が異なるということを意識して制作を行う必要があります。

見る環境による体験のちがい

Webサイトは、見る側の環境によって見え方が異なるだけでなく、体験も大きく異なります。同じWebサイトでも、パソコンの前で机に座りマウスを手にして大きな画面で見る場合と、電車の待ち時間に小さなスマートフォンを指で操作して見る場合とでは、情報の感じ方、受け取り方がちがいます。

また、パソコンは会社や書斎で積極的にクリックして「能動的」に使うものでしたが、スマートフォンは情報が勝手に流れてきたり通知を受けたりと、「受動的」に使うものです。このように、見る環境によって体験の質が大きく変わってくるということも意識しておく必要があります。

同じWebサイトだけど、見るものによって見え方が違うんだね。

デスクトップパソコン

タブレット

スマートフォン

情報を調べる時、多くの人がスマートフォンを利用しています。家の中でも外でも常に携帯し、手の中にある縦長の小さなディスプレイは、人間の行動範囲を広げました。

リビングには大型のディスプレイがありますが、ここで映っているのはテレビ放送ではなく、インターネット経由のビデオ配信です。ディスプレイに接続しているゲーム機や小型のコンピュータにも、Webサイトを表示する機能があります。

子供の持っている携帯型のゲーム機にも、Webサイトを表示する機能があります。スマートフォンや携帯型のゲーム機を通じて、大人と同じレベルの情報にさらされているため、取捨選択の能力を高める教育が必要です。

自動車もインターネットに常時接続するものが増えています。画面表示は、HTMLなどのWebサイトと同じ技術で描かれています。遠隔操作でトランクをあけて荷物を受け取る、自動運転するといった、インターネットを活用した車両の機能も増えています。

・Column・ Webサイト制作を学習するための本の紹介

Webサイトの制作をマスターするには、さまざまな学習が必要です。写真を加工するためにはAdobe Photoshopの使い方、アイコンやイラストを描くためにはAdobe Illustratorの使い方、それらをWebサイトとして構築するためにはHTMLやCSSの書き方を、それぞれ学ぶ必要があります。

この「デザインの学校」シリーズは、Webサイトの制作をこれから始めたいという人にぴったりのシリーズです。Webサイト制作からYouTubeやSNSなどで公開する動画の制作まで、幅広く学習することができます。詳しくはシリーズ各書籍をご確認ください。

Webデザイン

デザイン　デザインの現場で必要な、2つのアプリケーションを習得するための書籍です。

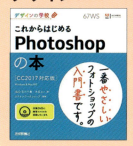
これからはじめる
Photoshopの本

これからはじめる
Illustratorの本

これからはじめる
HTML & CSSの本
Webデザインに必須の、HTMLとCSSを
1から学ぶための書籍です。

動画制作　Webサイトに掲載する動画の制作方法を学ぶための書籍です。

これからはじめる
Premiere Proの本

これからはじめる
After Effectsの本

◆ **Chapter** 02

最低限コレだけは！
インターネットのしくみを
知っておこう

Visual Index ▶ Chapter 2
最低限コレだけは！ インターネットのしくみを知っておこう

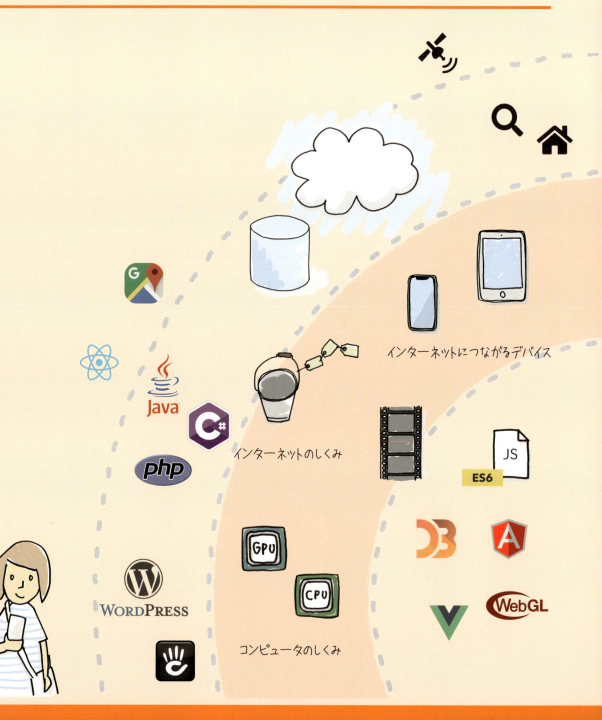

インターネットには、国を越え、言語を越え、時代を越えて、さまざまな形態のデバイスがつながっています。これらのデバイスが相互に接続し、情報を交換できるのは、共通のルールに従っているためです。各種デバイスのしくみからインターネットプロトコルまで、主要なルールを見ていきましょう。

2 最低限コレだけは！インターネットのしくみを知っておこう

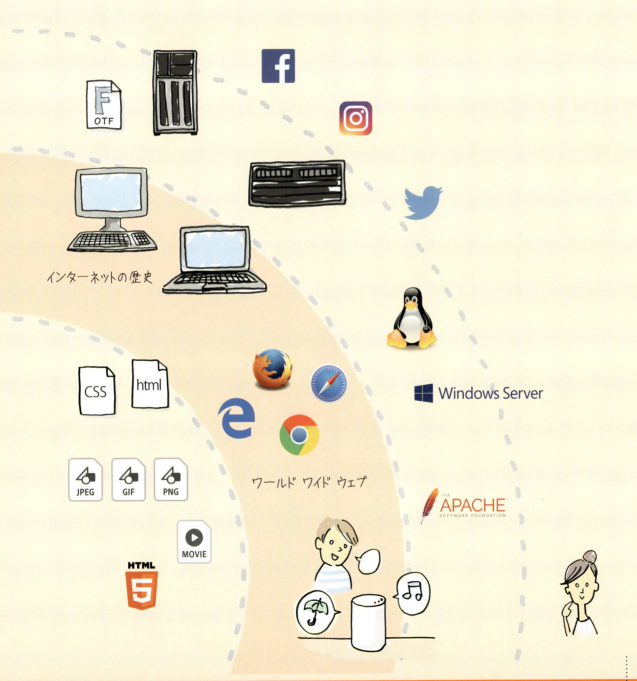

第2章 ▶ 最低限コレだけは！ インターネットのしくみを知っておこう

lesson. 01 インターネットにつながるデバイス

インターネットは、さまざまな機器（デバイス）から接続し、利用することができます。デバイスが変わると、それに応じてユーザの体験も変わってきます。

さまざまな形態のデバイス

マウスとキーボードによって操作するパソコン、画面に触れて操作するスマートフォンやタブレット、リモコンで操作するテレビ、メガネのように装着して使用するウェアラブルデバイスなど、インターネットやWebサイトを利用するデバイスは、多種多様な形態をしています。

手元で見る、離れて見る、直接触れるなど、Webサイトとユーザとの接点も多種多様です。これらさまざまな端末を意識してWebサイトを制作する必要があります。

スマートフォン

デスクトップパソコン

タブレット

ノートパソコン

◆ パソコン（パーソナルコンピュータ／personal computer／PC）
◆ スマートフォン（smartphone／スマホ）

スマートフォン

スマートフォンは、高速な携帯電話回線の普及と、デバイスの低価格化、高性能化により急速に普及し、現在はWebサイトを見る環境としてもっとも大きなシェアを占めるまでになりました。各社からさまざまなモデルが発売されていますが、形状はどれもよく似ています。多くのモデルが、デバイスの表面全体が画面になっていて、その画面を直接触って操作するタッチパネルになっています。

スマートフォンは、使用されているOSのちがいによって、2種類に分けることができます。Googleが開発している「Android」と、Appleの「iPhone」です。世界的にはAndroidが約80%のシェアを持っていますが、日本国内に限ってはiPhoneのシェアが約50%を占めています。

	Android（アンドロイド）	iPhone（アイフォン）
ハードウェア	サムスン、ソニー、LGなど各社	Apple
OS	Android	iOS
開発会社	Google	Apple
シェア	80%	15%
日本国内シェア	50%	50%
特徴	ハードとOSの開発が別。低価格から高級品までさまざまな製品がある	1社で一貫した製品開発を行っているため高品質

タブレット

スマートフォンとほぼ同じしくみを持ちながら、画面の対角線が約6インチ（15cm）以上のものを、一般的に**タブレット**と呼んでいます。家庭でWebサイトの閲覧に使われたり、学校の授業での電子書籍の表示や、キーボードを接続してビジネス用途に使われたりしています。ペン入力で操作できるものもあり、スマートフォンとは別の端末として扱われることが多いようです。とはいえその定義は曖昧で、電話のできるファブレット（大きなスマートフォン）もあれば、電話機能のないものもあります。

◆ ファブレット（Phablet／画面の大きなスマートフォン）

パソコン

パソコンはディスプレイとキーボード、本体が別になっているデスクトップパソコンと、ディスプレイとキーボードが一体になったノートパソコンに分けられます。また、テレビやディスプレイに直接接続して使用する「スティックPC」と呼ばれるタイプもあります。

デスクトップパソコンは、高い処理能力が必要な音楽制作、3DCG制作や映像編集、またオンラインゲームなどに使われています。表計算やメールといった、それほど処理能力を必要としない用途においては、持ち運びが容易なノートパソコンが使われることが多くなっています。

かつて、インターネットに接続できる端末はパソコンだけでした。しかしスマートフォンの普及によって、一般の人はパソコンを使わなくなり、パソコンの比率は減ってきています。パソコンは今後もなくなることはありませんが、本書の読者の皆さんのように、何かを作ろうとする人（＝クリエイター）向けの機器になりつつあるのです。一般の人は、すでにパソコンを使わなくなっています。

▶**デスクトップパソコン**

▶**ノートパソコン**
（ラップトップコンピュータ、ノートPCも同じ意味）

▶**スティック型のパソコン**
（テレビやディスプレイのHDMI入力ポートに接続する）

◆ **3DCG**（スリーディーシージー／ゲームや映画などの3次元コンピュータグラフィックス）

テレビ

テレビは、映像や音声コンテンツを家庭に届けてくれるデバイスとして圧倒的なシェアを持っています。テレビ放送の受信やDVDなどの光ディスク、ゲームの再生から、最近ではインターネット経由で送られてくる映像コンテンツを見るための装置へと変化もしてきています。

インターネットに接続しているテレビのことを、スマートフォンにならって、スマートテレビと呼ぶことがあります。Webサイトを家族で見る、会議室で複数人で見る、教室の授業で見るなど、大画面を活かした場面での活用が多く、特に教育系のコンテンツなどは大画面を意識した設計を考慮するべき場合があります。

ゲーム機

現在の**ゲーム機**には、プレイステーションなどの据え置き型からSwitchなどの持ち運び型まで、もれなくインターネットにアクセスする機能が搭載されています。多くの端末がパソコンやスマートフォンと同等かそれ以上の処理能力があり、今後増えてくるであろうVRコンテンツの再生装置としての機能も優秀です。子供向けのWebサイトの企画であれば、ゲーム機での表示も確認しておきたいところです。

◆ VRコンテンツ（ブイアールコンテンツ／バーチャルリアリティ／CGで作った仮想空間内で楽しむコンテンツ）

スマートスピーカー

スマートスピーカーは、AI（人工知能）が搭載された、マイク付きのスピーカーです。Google、Apple、Amazon、LINEなど各社から発売されています。音声認識によって人間の意図を理解し、インターネット上の情報を音声で返答したり、各種アプリケーションを実行することができます。スマートフォンに搭載されているAppleのSiriやGoogleアシスタントといったAIアシスタントの機能を、スピーカーという形に分離独立させたものと考えてもよいでしょう。現時点では、英語など文節がはっきりしていて同音異義語の少ない言語は得意ですが、日本語の理解はまだまだ難しく、快適に利用できるようになるには時間がかかりそうです。今後はWebサイトでも、目で見て理解できればよいというだけでなく、音声で読み上げやすいコンテンツを作るなど、音声処理を意識した工夫が必要になってくるでしょう。

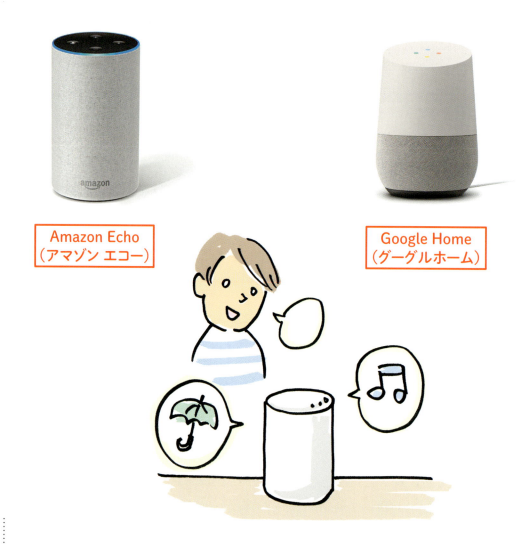

Amazon Echo（アマゾン エコー）

Google Home（グーグルホーム）

ウェアラブルデバイス

スマートフォンのように携帯するタイプのデバイスではなく、腕時計やメガネなどの形で身につけるタイプのデバイスのことを、**ウェアラブルデバイス**といいます。デバイスが身体と一体になっているため、体の動きを精細にとらえることができ、各種通知や身体管理機能などに使われています。

現在は腕時計型のデバイスが多いのですが、今後はメガネ型やコンタクトレンズ型のデバイスも増えてくると思われます。
ただし体内や脳内へのデバイスの埋め込みは、安全性や倫理上の問題から普及はもう少し先になりそうです。

Apple Watch
（アップルウォッチ）

✓ Check! インターネット端末はさまざまな場所に普及している

私たちが考えている以上に、インターネット端末はさまざまな場所に普及しています。自動車にはAppleのCarPlayやGoogleのAndroid Autoが搭載され、スマートフォンとの間に高い親和性を持っています。テスラの電気自動車には17インチの大きな液晶モニターが搭載され、インターネット経由で自動車自体のOSをアップデートできます。

他にも、屋外に設置されている大型の液晶ディスプレイを使った広告媒体、いわゆるデジタルサイネージも、表示内容の更新はインターネット経由で行われています。

◆ デジタルサイネージ（digital signage／電子広告）

第 2 章 ▶ 最低限コレだけは！ インターネットのしくみを知っておこう

lesson.02 コンピュータのしくみ

スマートフォン、時計、ノートパソコンなど、コンピュータの形態はさまざまです。しかし、ほぼすべてのコンピュータが基本的には同じしくみで動いています。

基本的なコンピュータのしくみ

パソコンやスマートフォン、ウェアラブルデバイスなど、インターネットに接続するすべてのデバイスには、コンピュータが搭載されています。そしてそれらほぼすべてのコンピュータは、**入力**、**記憶**、**計算**、**出力**という共通する要素の組み合わせによって構成されています。情報をコンピュータに入力し、それを記憶し、計算して、結果を出力するという流れです。どんなに高性能なコンピュータでも、行っていることは単純な計算にすぎません。単純な計算を、同時に超高速に行っているため、「高性能」ということになるのです。基本的なコンピュータのしくみは、性能の高低に関わらず、すべて共通なのです。

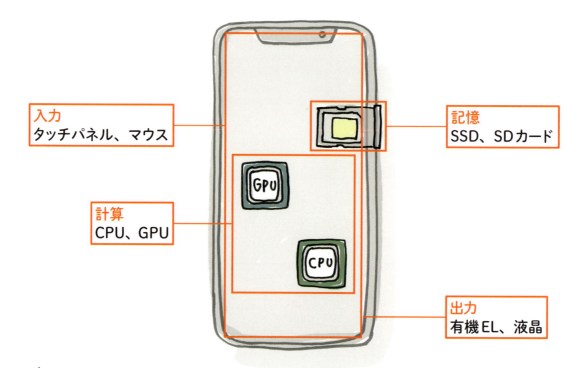

入力
タッチパネル、マウス

記憶
SSD、SDカード

計算
CPU、GPU

出力
有機EL、液晶

1と0

コンピュータは、1か0か、「ある」か「ない」かを考えることしかできません。この1と0によってすべてが表現されるのが、デジタルの世界です。1つの「ある」か「ない」かを1ビットと呼び、1ビットを8桁セットにしたものが1バイトになります。1バイトは1と0の8桁の組み合わせ（8桁の2進数）からなるため、私たちが普段慣れ親しんでいる数字の書き方、10進数に変換すると2の8乗で256になります。つまり、1バイトのデータは256通りの表現が可能であるということです。これはコンピュータやインターネットの周辺に出てくるすべての単位の基本となる考え方なので、覚えておきましょう。

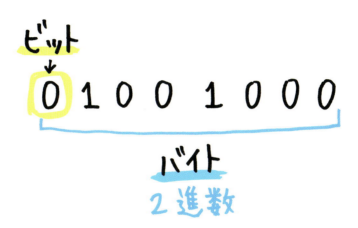

✓ Check! キロバイト（KB）はバイトの約1000倍

コンピュータのキロ（K）は、メートルやグラムなどの1000倍ではなく、1024倍（10の3乗ではなく、2の10乗）になります。そのため、本書では約1000倍としています。

メガバイト（MB）	キロバイトの約1000倍
ギガバイト（GB）	メガバイトの約1000倍
テラバイト（TB）	ギガバイトの約1000倍
ペタバイト（PB）	テラバイトの約1000倍

CPUとGPU

コンピュータの中で1と0の計算を行うのが、**CPU**です。コンピュータの頭脳といえる部品です。パソコンではIntel社のCore i（コアアイ）シリーズが、スマートフォンやタブレットではクアルコム社のSnapdragon（スナップドラゴン）などがよく使われています。

また、コンピュータの中で画像／映像データに特化した計算を行うのが**GPU**です。主に3DCGゲームや映像の再生といった、「重たい映像処理」に使われています。

▶**CPU／GPUに関連してよく出てくる数字の例**

64ビット	同時に64個のビットを処理できる
3GHz	1秒間に30億回計算できる
8コア	1つのチップの中にCPUが8個入っている

Central Processing Unit

Graphics Processing Unit

SSDとHDD

コンピュータにおける記憶媒体には、大きく3つの種類があります。電源が入っている間の一時的な記憶場所として使われるメモリ（RAM・ラム）、アプリケーションやファイルを保存しておく**SSD・HDD**、移動可能なUSBメモリ・SDカードの3種類です。

SSDやSDカードは、メモリと同じシリコンメディアです。動作が速く、可動部分がないため壊れにくい反面、HDDに比べると1バイトあたりの金額が高くなります。HDDは、金属の円盤を高速回転させることでデータの読み書きを行います。衝撃には弱いものの長期保存が可能で、1バイトあたりの単価が安いというメリットがあります。容量が大きいものが安価に手に入るため、バックアップなどの用途に向いています。

Hard Disk Drive

◆ **CPU**（シーピーユー／Central Processing Unit）
◆ **GPU**（ジーピーユー／Graphics Processing Unit）
◆ **SSD**（エスエスディー／Solid State Drive）
◆ **HDD**（ハードディスク／Hard Disk Drive）

タッチパネル

コンピュータから出力されたデータを表示する液晶ディスプレイや有機ELディスプレイと、それを直接触ることによってコンピュータに入力指示を行うしくみが組み合わさったものが、**タッチパネル**です。

●ジェスチャー

タッチパネルでは、複数の指先の位置変化を利用したジェスチャーによる操作が可能です。代表的なジェスチャーには、次のようなものがあります。

① 指で画面を軽く叩く「タップ」
② 指をなぞるようにすべらせる「スワイプ」
③ 2本の指を広げる「ピンチアウト」／狭める「ピンチイン」

ジェスチャーによる情報は、Webブラウザからも取得、制御することができます。Webサイトの操作方法も、従来の「ハイパーリンクをクリックする操作」から「ジェスチャーを前提とした操作」へと変わってきています。

●ソフトキーボード

タッチパネルの中に表示されるキーボードです。パソコンのキーボードを模したものから、片手で操作しやすいフリック入力に対応したものなど、配列や言語をさまざまに切り替えて使用できます。

◆ 有機EL（ゆうきイーエル／有機エレクトロルミネッセンス／OEL）

第 2 章 ▶ 最低限コレだけは！ インターネットのしくみを知っておこう

lesson.
03 インターネットのしくみ

今となっては当たり前の「インターネット」のしくみとは、どのようなものでしょうか？ ここであらためて確認してみましょう。

インターネットとは

インターネットとは、世界中が同じルールでつながっている**巨大なコンピュータネットワーク**です。コンピュータどうしが相互に接続され、お互いに情報をやりとりしています。インターネットでは、情報を細かく分けてバケツリレーのようにやりとりしています。

この細かく分けた情報のことを**パケット**といいます。パケットという単位で情報をやりとりし、確実に届けるしくみがあることで、長距離を隔てても情報を正確に、また大きなファイルでも安定して届けることが可能になっています。

パケット

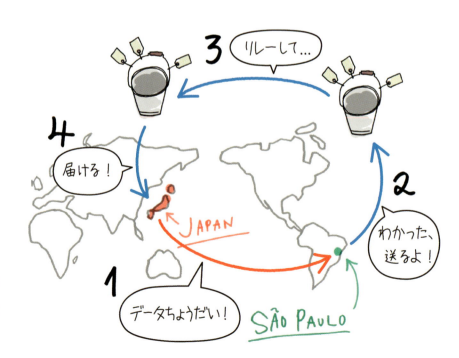

プロトコル

誰かと話す時、日本語とフランス語、英語のように言語が異なると、意思疎通のために翻訳を行う必要があります。間に翻訳が入ることで意味が伝わらなくなることもあり、常に正しい意思疎通ができる状態とはいえません。

その点、インターネットはつながっているすべてのコンピュータが同じ言語を使って会話を行います。そのため正しく意思疎通が行え、国や地域を問わず情報をやりとりすることが可能です。この言語のことを**プロトコル**といい、中でももっとも重要なプロトコルにTCPとIPがあります。

▶インターネットの2つの主要なプロトコル

Transmission Control Protocol（トランスミッション コントロール プロトコル／TCP）	バケツの水を途中でこぼした場合、そのバケツだけ再送するなど、インターネット上の通信内容の確実性を受け持つ
Internet Protocol（インターネット プロトコル／IP）	パケット通信（バケツリレー）など、インターネットの基本的なしくみを受け持つ

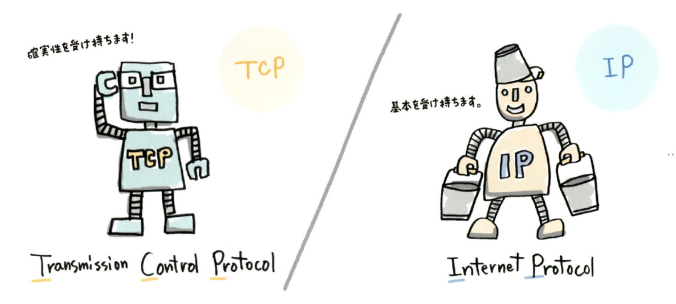

IPアドレスとURL

lesson.04

インターネット上で、どの機器との間で情報のやりとりをしたいのか、相手の機器の住所や名前を決めている重要なしくみがあります。

IPアドレス

インターネットにおけるデータのやりとりは、インターネット上の番地である**IPアドレス**を指定することによって行われています。データの送り先であるコンピュータのIPアドレスを指定することによって、データを正しく送り届けることができるのです。しかしIPアドレスは数字の羅列でできており、このままでは人間が記憶したり指定したりすることが困難です。そこで、IPアドレスを人間にもわかりやすい**ドメイン名**と呼ばれる文字列に置き換えて表現しています。

このIPアドレスとドメイン名を相互に変換するしくみとしてDNSがあり、サーバの機能としてインターネット上で動いています。IPアドレスとドメイン名の関係は、郵便番号と住所の関係に似ています。

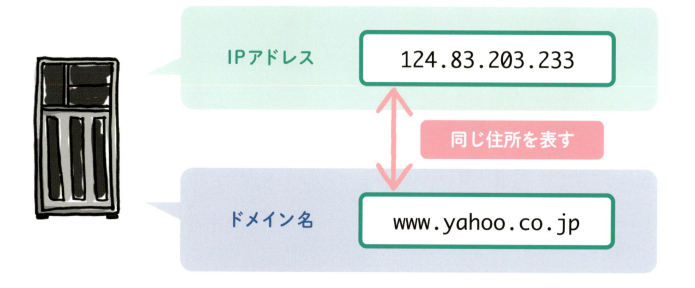

◆ **DNS**（ディーエヌエス／ドメイン ネーム システム／Domain Name System）

URL

URLはスキーム名とドメイン名、ディレクトリ名やファイル名を組み合わせた文字列で、インターネット上の一意な場所を指し示すのに使われています。先頭の:（コロン）までの部分をスキーム名といい、httpsなどのプロトコル名が使われることが多いです。コロン以降の部分はスキームごとにちがい、一般的なhttpsやhttpの場合は、左ページで出てきたドメイン名の後にファイルパスが続く構成になっています。

多くの場合、ドメイン名の前に「www」がついていますが、これは特に決まりがあるわけではありません。1つのドメイン名を用途ごとにサーバに割り振る際に、これは「ワールドワイドウェブ（＝www）用です」とわかりやすくしているだけです。

ファイルのパスは、一般的なパソコンのディレクトリの考え方と同じで、上位階層から順に/（スラッシュ）を入れて書いていきます。

URLと似た用語に、URI（ユーアールアイ）があります。これはURLの考え方を拡張したものですが、ひとまず同じものと考えておいて差し支えありません。

https://www.67.org/ws/Premiere.html

 スキーム名
 サブドメイン名
 ドメイン名
 ディレクトリ名
 ファイル名
 拡張子

✓ Check! IPv6 (Internet Protocol version 6)

IPは、v4とv6の2つのバージョンが使われています。IPv4のIPアドレスは26億ぐらいあったのですが、すでにすべての数字を使い切ってしまいました。新しいバージョンであるIPv6のIPアドレスは、世界中の家の中の小物すべてにIPアドレスを割り当ててもお釣りが来るほどの数を扱えます。現在は、v4とv6が混在している状況です。

	IPアドレスの例	使用可能な数		セキュリティ
IPv4	192.0.2.1	約43億	すでに足りない	普通
IPv6	2001:db8::1234:0:0:9abc	約340澗	事実上無限	強固

◆ URL（ユーアールエル／ユニフォーム リソース ロケータ／Uniform Resource Locator／インターネット上の住所を特定する文字列）

第 2 章 ▶ 最低限コレだけは！ インターネットのしくみを知っておこう

lesson. 05 ワールド ワイド ウェブ

Webページでリンクをクリックすると、リンク先のページが表示されます。このしくみを、ワールド ワイド ウェブ（WWW）といいます。

ワールド ワイド ウェブとは

Webページが複数集まってWebサイトになり、そのWebサイトどうしが世界中でつながっている状態を**ワールド ワイド ウェブ（WWW）**といいます。WWWでは、Webページの一部をクリックすると他のWebページにジャンプします。

このしくみが**ハイパーリンク**です。そしてハイパーリンクのしくみを含んだテキストファイルのことを、**ハイパーテキスト**といいます。今では当たり前のしくみですが、このしくみの考案自体が、画期的なことでした。

ローマについて書かれたファイルの中にある「イタリアについて」という文章をリンクにし、イタリアについて書かれたファイルへ移動する。

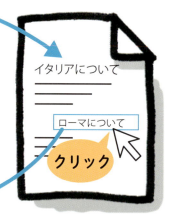

イタリアについて書かれたファイルの中にある「ローマについて」という文章をリンクにし、ローマについて書かれたファイルへ移動する。

Webブラウザ

Webサイトを見るためのアプリケーションのことを、**Webブラウザ**といいます。Webブラウザは、ハイパーテキストを読み込むことによってWebサイトを表示します。パソコン用のWebブラウザとしては、Microsoftの「Internet Explorer（IE）」や「Edge」、Appleの「Safari」などがあります。端末やOSにはじめから組み込まれていることも多く、普段はその存在をあまり意識することはありません。

スマートフォンにも、iPhoneの「Safari」やAndroidの「Chrome」といったWebブラウザが搭載されています。

▶代表的なWebブラウザと世界シェア

Chrome	Google		60%
Firefox	Mozilla Foundation		8%
IE	Microsoft		5%
Safari	Apple		5%
Edge	Microsoft		5%
その他			17%

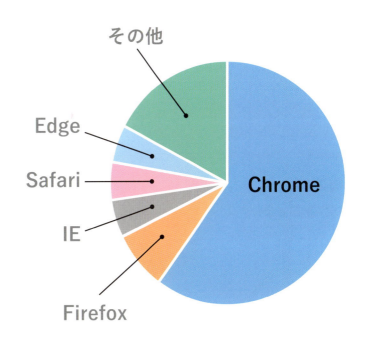

✓ Check! レンダリングエンジン

Webブラウザは、受信したHTMLやCSSなどの情報を独自の方法で解釈し、画面への表示を行っています。この受信した情報をどのように表示するかの解釈を行っているのが、レンダリングエンジンです。

名称の異なるWebブラウザでも、レンダリングエンジンが同じであれば、同じような表示結果になります。また同じMicrosoft製でも、Internet ExplorerとEdgeではレンダリングエンジンが異なるため、見え方は異なります。Webブラウザによって Webサイトの見え方がちがうのは、このレンダリングエンジンが異なるためです。

第 2 章 ▶ 最低限コレだけは！ インターネットのしくみを知っておこう

Webサーバ

インターネットに接続され、さまざまな役割を担っているコンピュータのことを**サーバ**といいます。ファイルを保存するためのファイルサーバ、メールの送受信を行うメールサーバなど、役割に応じてさまざまなサーバが用意されています。そして、Webサイトを構成するHTMLファイルや画像ファイルなどを公開しているサーバを、**Webサーバ**といいます。実際にHTMLやCSS、画像などのファイルが置いてあることもあれば、それらをプログラムで作り出す場合や、データベースや他のサーバと連携する場合もあり、幅広くWebサイトの表示を担っています。

パソコンやスマートフォンのWebブラウザでWebサイトにアクセスすると、Webサーバに保存されたデータが送られてきます。パソコンやスマートフォンはこのデータを受け取り、画面に表示します。このようにWebサイトを見るという行為は、パソコンやスマートフォンといった手元のコンピュータと、Webサーバというインターネット上にあるコンピュータとの間で情報をやりとりすることによって実現されています。

ユーザ

Webサイトにアクセス

Webサーバ

ダウンロードして
Webブラウザで見る

Webサーバに
保存されたファイルを…

httpとhttps

Webサイトのアドレス欄を見ると、最初に「http://www.」などと書かれています。この「http」は、Hypertext Transfer Protocolの略です。プロトコルは「情報をやりとりするためのルール」という意味なので、ハイパーテキスト・トランスファー・プロトコルで、ハイパーリンクが含まれたテキストファイル、つまりHTMLファイルを転送（トランスファー）するためのルールという意味になります。WebサーバとWebブラウザの間で、Webサイトに関わるさまざまな情報をやりとりするために使われるのが**http**です。

httpは秘密の情報をハガキで送るようなもので、郵便局員が裏を向ければ情報が漏れてしまう程度の安全性しかありません。そこで、暗号化通信を行うことでhttpの安全性を高めたプロトコルが**https**です。httpsを利用するには、Webサーバ側にSSL証明書を用意しておく必要があります。Let's Encryptなど無料のものから数万円するものまでさまざまですが、暗号化の効力はどれもほぼ同じです。Googleは犯罪抑止の観点から、今後はhttpsを使うことを推奨しています。Webサイトを作る時は、httpsにもとづいて制作するということを覚えておきましょう。

Webサーバ

暗号化して
アクセス

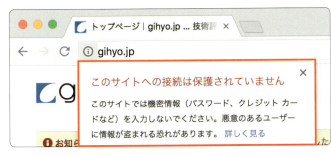

もっとも使われているWebブラウザであるGoogle Chromeでは、http（sがつかない）でWebサイトにアクセスした場合、このような警告が出るようになっています。仮に個人情報などが関係ないWebサイトだったとしても、一般のユーザにとってはこの表示が不安を煽るので、httpsでWebサイトを公開するようにしましょう。

ユーザ

- **https**（エイチティーティーピーエス／Hypertext Transfer Protocol Secure）
- **Let's Encrypt**（レッツ エンクリプト／https://letsencrypt.org）

第 2 章 ▶ 最低限コレだけは！ インターネットのしくみを知っておこう

lesson.06 インターネットの歴史

現代の生活からLINEやメールがなくなることが想像できないくらい、インターネットは生活の中に浸透しています。

実はまだ四半世紀

インターネットの歴史は非常に浅いものです。一般に広がり始めてから、まだ30年もたっていません。もともとは第2次世界大戦中、アメリカ国内の複数の軍事拠点を双方向に接続しておくことを目的に開発されました。複数あるうち、どこかの拠点が攻撃にあっても、残った施設どうしの通信を確保するための技術として研究されていたのです。その後、世界中の大学や研究機関を結ぶネットワークへと発展し、それが一般に開放されて商業利用が始まりました。それまでの主流であった「パソコン通信」が1つのネットワーク内で完結する閉ざされたシステムだったのに対し、インターネットは複数のネットワークが相互に接続される開かれたシステムでした。その結果、インターネットは国や企業、個人といった枠を超えて広がっていくことになります。

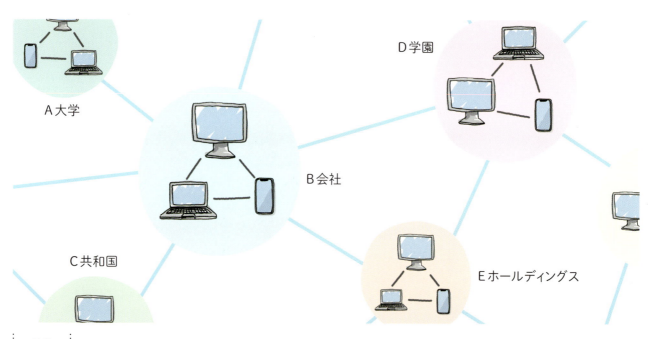

インターネットの歴史年表

青字… インターネット関連　　赤字… 携帯電話関連

年	出来事	コンピュータ	Webブラウザ／企業
1974		パソコン誕生	
1975	ベトナム戦争終結		
1976			Apple
1977			
1978	サンシャイン60		
1979		自動車電話	
1980			
1981		IBM PC	Microsoft
1982	コンパクトディスク		Research In Motion
1983	東京ディズニーランド	TCP/IP	
1984		Macintosh	
1985		Microsoft Windows	
1986			
1987			
1988		インターネット	
1989	冷戦終結	ノートパソコン	
1990			
1991		Linux	World Wide Web
1992			
1993		第2世代携帯電話	NCSA Mosaic
1994	プレイステーション		Netscape Navigator
1995		Windows 95	InternetExplorer、Yahoo!
1996			Opera
1997		インターネットの利用者1億人	HTC
1998	長野オリンピック		Google
1999	2000年問題	i-mode	
2000		カメラ付き携帯	
2001		Mac OS X	百度（バイドゥ）
2002	サッカーW杯日韓共催	第3世代携帯電話	Firefox
2003		64ビット化	Safari
2004			Facebook
2005		インターネットの利用者10億人	
2006		ネットブック	Twitter
2007		iPhone	
2008	北京オリンピック	Android	Chrome
2009		Windows 7	
2010	上海万博	iPad	Instagram
2011		インターネットの利用者25億人	LINE
2012	東京スカイツリー	第4世代（LTE、WiMAX）携帯電話	
2013			
2014			
2015		Windows 10	
2016			
2017		iPhone X	
2018		インターネットの利用者40億人	
2019	元号変更		
2020	東京オリンピック		

2 最低限コレだけは！ インターネットのしくみを知っておこう

第2章 ▶ 最低限コレだけは！ インターネットのしくみを知っておこう

インターネットの現状

現在では、多くの国のコンピュータがインターネットを通じて相互に接続しています。戦争中の国も、国交のない国も、同じコンピュータネットワークを使うことによって情報のやりとりを行っているのです。世界の人口75億人のうち、40億人以上の人々がインターネットに接続可能な状態になっています。こうした状況のもと、インターネットは国家や民族を超えた広がりを見せ、情報格差の解消が結果的に歴史の動きに影響を及ぼすほどの存在となっています。同一のネットワークにこれほど多くの人が接続しているといった状況は過去にはなく、今後もインターネットに接続する人の数は増えていくと考えられます。

▶世界のインターネット利用者の比率

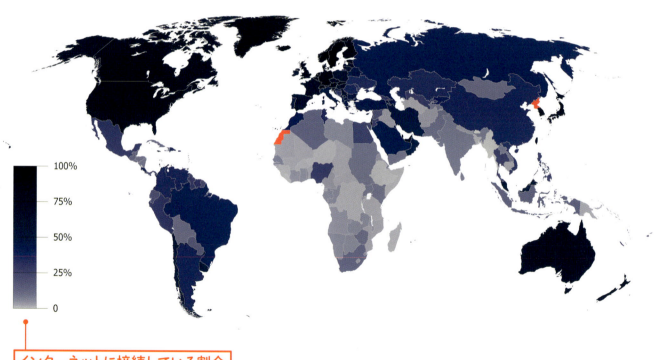

インターネットに接続している割合

色が塗られていない国がないほど、インターネットは広く普及しています。世界中で2人に1人以上が瞬時につながることのできる社会が、現実のものとなっています。

出典：https://ja.wikipedia.org/wiki/インターネット利用者数による国順リスト

インターネットのこれから

インターネットの将来は、どのように予想されるでしょうか？ 世界の人口の55%はアジア、15%はアフリカの人々が占めています。これらの地域のインターネット利用率はまだまだ低いのが現状です。しかし経済の発展に伴い、今後はアジア、アフリカ諸国での利用率が増え、インターネットやWebサイトを使った経済活動の中心になっていくことが予想されています。日本では少子高齢化が進み、2050年には2人に1人が高齢者という社会を迎えます。2020年に30歳だったスマートフォンを使いこなす人が60歳になった時、どういうコンテンツに需要があるのか、増え続ける外国人の流入に応えるコンテンツはどのようなものなのかといった、その時々に合わせたコンテンツ制作の柔軟性が求められることでしょう。

インターネットの普及にともない、あらゆる情報がデジタル化されています。現在のWebページやWebサイトの概念も、今後大きく変化していく可能性があります。しかし、Webサイトの制作技術は紙の本がなくならないのと同じで、人間が情報を伝達するための手段としてすでに確立しています。そのため、ある程度の世代を超えて普遍的に使われていくと思われます。

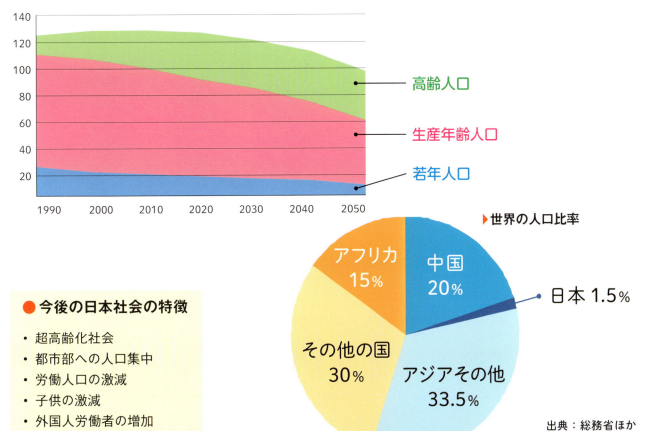

▶日本の人口推移

- 高齢人口
- 生産年齢人口
- 若年人口

● **今後の日本社会の特徴**
- 超高齢化社会
- 都市部への人口集中
- 労働人口の激減
- 子供の激減
- 外国人労働者の増加

▶世界の人口比率

- アフリカ 15%
- 中国 20%
- 日本 1.5%
- アジアその他 33.5%
- その他の国 30%

出典：総務省ほか

・Column・ インターネットに接続する方法

現在インターネットに接続する方法には、大きく2種類があります。光ファイバーや電話線、ケーブルテレビといった物理的な回線を経由する方法と、携帯電話などの電波を利用して接続する方法です。

従来はどこの家にも固定電話があったため、固定電話を利用したISDNやADSLといった接続方法が一般的でした。しかし最近では、スマートフォンの普及やMVNOの台頭によって、携帯電話回線を利用したインターネット接続が主流となっています。

安定して高速な接続を希望する場合は、各戸に光ファイバーを導入することもできます。しかしLINEやメール、動画を見るなど一般的なインターネット利用においては、携帯電話回線だけでも問題のない程度まで回線速度が速くなっています。

今後はパソコンやスマートフォンに限らず、家庭内のあらゆる電化製品がインターネットにつながるようになり、水道や電気のようなインフラ（社会基盤）の1つとして活用されていくと思われます。

日本国内において、携帯電話の回線を持っているのはNTTドコモ、ソフトバンク、auの3社です。UQ mobileやmineoといったMVNOは、この3社のいずれかから回線を借りています。

携帯電話の回線は、現在第4世代から第5世代への変革期です。第5世代になると、電車などでの高速移動中でもYouTubeなどの動画を高画質のまま途切れず再生できるくらい、速くて安定した回線になります。

◆ MVNO（エムブイエヌオー／Mobile Virtual Network Operator／ドコモやソフトバンクなどから回線を借りて携帯電話事業を提供している会社。通称格安SIM）

◆ **Chapter** 03

HTMLやCSSなど、Webブラウザ側の技術を知ろう

Visual Index ▶ Chapter 3

HTMLやCSSなど、Webブラウザ側の技術を知ろう

Webサイトは見て、聞いて、使うものです。写真や絵、映画、小説、新聞、ラジオ、テレビといった過去のメディアすべてを取り込んでいる上に、電話やATM、ゲーム機といったインタラクティブな要素も含んでいます。Webサイトとユーザとの接点であるWebブラウザで何ができるのかを詳しく見ていきましょう。

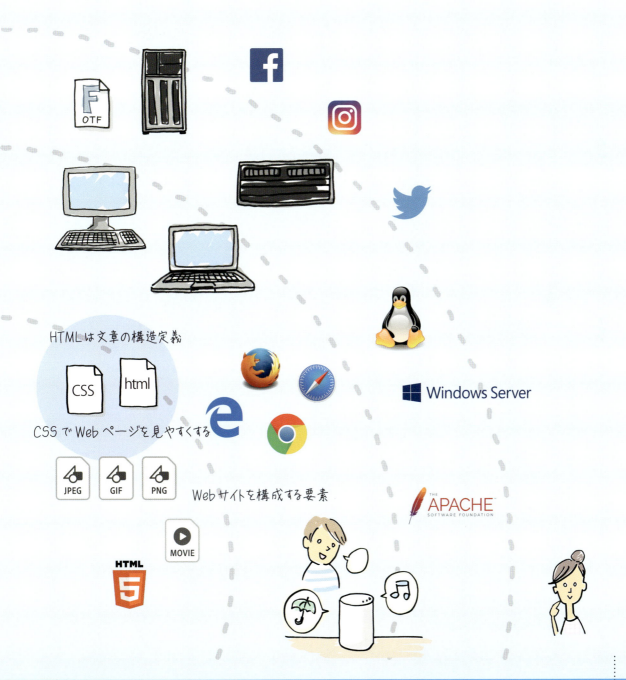

HTMLは文章の構造定義

CSSでWebページを見やすくする

Webサイトを構成する要素

3 HTMLやCSSなど、Webブラウザ側の技術を知ろう

第3章 ▶ HTMLやCSSなど、Webブラウザ側の技術を知ろう

lesson.01 Webサイトを構成する要素

Webサイトは、テキストファイルの集まりです。紙の上に写真を貼ったりイラストを描いたりするように、写真や映像がそこに加えられます。

文字情報が基本

Webサイトにおいて、もっとも基本となる情報は文字です。Webページに記載する文字情報は、そのページに何が書いてあるのかを正確に伝えられるよう、適切に整理する必要があります。例えば見出しと本文を明確に分け、それぞれの文字情報の役割をタグという形で示します。その際に使用するのが、HTMLという言語です。

Webページ1ページにつき、何か1つのことについて書くのが一般的です。1ページに入りきらない場合は複数のページに分けることもできますが、多少長くなっても、1つの話題は1つのページに収めた方が情報整理の観点からはよいとされています。壮大な論文だとしても、各見出しごとに起承転結があり、小見出しや段落が適切に整理されていると、それを読む人間もコンピュータも理解しやすくなります。

→ 見出し：<h1>

→ 画像：<img>

→ 本文：<p>

文字に見出しや本文などの意味を与えて、Webページを組み立てていきます。

写真や映像の情報量は膨大

写真や映像は、人間にとって文字情報よりも直感的に理解しやすく、多くの情報量を持っています。Webサイトにおいても、きれいな写真、わかりやすい図といった視覚に訴えかける要素の方が、文字による情報伝達よりも効果的な場合があります。

またTwitterやInstagramなどのSNSでは、文字ではなく写真を使ったコミュニケーションが積極的に行われています。WebサイトやSNSなどの企画・制作においては、写真や映像の効果を正しく理解し、適切な使用方法を理解しておくことが重要です。

Webサイトのページ構成

Webサイトを作るには、さまざまなページを作る必要があります。多くのWebサイトに共通しているのは、トップページ（ホームページ）、一覧ページ、詳細ページの3つです。トップページはそのサイトの顔となるページ、一覧ページは商品や記事など同じ系統の情報をまとめたページ、詳細ページは1つの情報について詳しく書かれたページです。これらのページが組み合わさって、1つのWebサイトになります。

lesson. 02 HTMLは文章の構造定義

HTMLを理解することは、Webサイト制作の基本中の基本です。CSSやJavaScript、その他の技術も、すべてHTMLの上に成り立っています。

HTMLとは

Webサイトは、HTMLのルールに則って書かれた文書ファイルの集まりによってできています。このファイルのことを**HTMLファイル**と呼び、拡張子は「.html」になります。HTMLのタグを理解できるアプリケーションでHTMLファイルを開くことによって、Webページが表示されます。タグを理解できるアプリケーションとして、EdgeやChromeなどのWebブラウザがあります。HTMLファイルをこれらのWebブラウザで開くことによって、はじめて「Webページを見ている」状態になります。

```
CONCEPT
静かで落ち着いた店内は、木のぬくもりを感じるくつろぎ空間。自然栽培の野菜をふんだんに使ったロハスな料理は心と体を元気にしてくれます。季節のフルーツをふんだんに使った自家製のスイーツと、世界中から取り寄せた厳選コーヒー豆で至福のひとときを！
```

.txt

```
<section>
<h1>CONCEPT</h1>
<p>静かで落ち着いた店内は、木のぬくもりを感じるくつろぎ空間。自然栽培の野菜をふんだんに使ったロハスな料理は心と体を元気にしてくれます。季節のフルーツをふんだんに使った自家製のスイーツと、世界中から取り寄せた厳選コーヒー豆で至福のひとときを！</p>
</section>
```

.html

> ただのテキストファイルにタグを追加したものがHTMLファイルです。このテキストを開始タグと終了タグで挟んで、意味をつける行為をマークアップといいます。

HTMLの構造

HTMLファイルの構造は、目に見える部分を定義するbody要素と、見えない部分を定義するhead要素という、大きく2つの要素に分けることができます。body要素の中には、ブラウザで表示した際に目に見える部分、文章や画像などの情報が書かれています。head要素の中には、ブラウザでは表示されない、HTMLファイルそのものについての情報が書かれています。

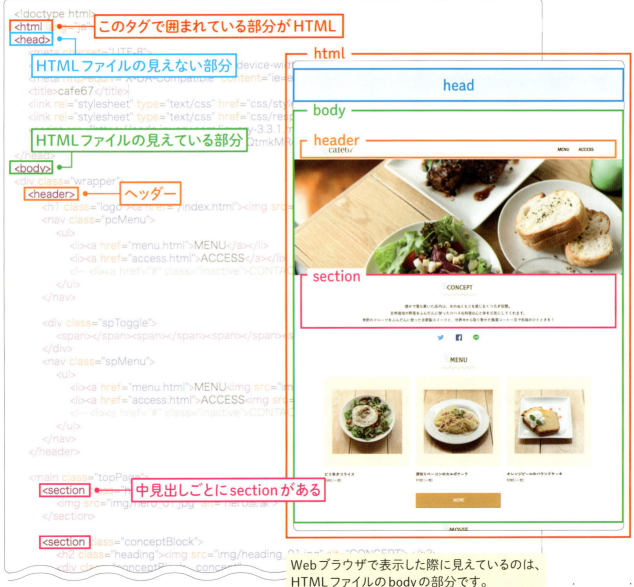

Webブラウザで表示した際に見えているのは、HTMLファイルのbodyの部分です。

第3章 ▶ HTMLやCSSなど、Webブラウザ側の技術を知ろう

lesson. 03 HTMLの見えている部分 body要素

body要素は、実際にWebブラウザに表示されている部分です。Webページの内容を、人やコンピュータに正しく伝わるように書く必要があります。

HTMLを正しく使う

HTMLのbody要素は、Webページの見えている部分を定義するものです。とはいえ、HTMLはあくまでも文章に対する構造定義です。HTMLで見た目を調整しようとしてはいけません。例えば、1行空白行を空けるために改行タグを2個書くようなことをしてはいけません。見た目が同じになれば、どのようなHTMLの書き方を行ってもよいというわけではなく、正しい書き方でHTMLファイルを構成する必要があります。

HTMLを正しく使うことで、CSSやJavaScriptが正しく使え、表示がずれる、正しく表示されないといったWebブラウザでの問題が起きにくくなります。結果的にSEOやユーザビリティもよくなり、新しい画面サイズ、音声ブラウザなどの新しいデバイスへの調整も不要になるなど、よい制作の循環が続きます。

正しいマークアップは、Webサイト制作を進める上でとても重要です。HTMLの時点で不整合な部分があると、それ以降の制作に悪影響が出ます。

よく使うbody内のタグ

body要素の中でよく使われるタグには、リンクや改行といった基本的なタグから、見出し、本文といった文章構造を決めるタグ、ヘッダーやフッターといったWebページの構造を決めるタグなどがあります。
その他、画像や映像を表示するためのタグ、文字自体を強調するタグなどもあり、全体的にはMicrosoft Wordで文章を書くのと同じで、さまざまなレイアウト・文章表現が作れるようになっています。

要素名	意味
a	リンク
h1 - h6	見出し
p	段落
ul、ol（li）	箇条書き
table	表組
img	画像
section	節や章など話のまとまり
article	それ自体で完結した内容
header	Webページの上部
footer	Webページの下部

リンクタグ

HTMLでもっとも重要なタグはaタグです。これはハイパーリンクを作成するためのタグで、このタグで囲まれた部分が他のWebページとの接点になります。HTMLファイルを「メモ帳」アプリで開くと、普通にaタグが見えてしまいます。しかしこれをWebブラウザで開くとaタグは見えず、代わりにテキストに下線が引かれ、クリックすることが可能になります。このクリック可能な場所を**リンク**といい、リンクを無限につなげていったものがWWWの世界そのものです。

✓ Check! 文字コード

HTMLファイルは、文字情報のみからなるテキストファイルです。文字情報には、文字をコンピュータで扱うために割り当てられた固有の番号があります。これを文字コードといいます。上記のcharsetとは別に、そのファイル自体の文字コードも正しく設定されている必要があります。文字コードは何か特別な理由がない限り、ユニコード（UTF-8）を指定します。この文字コードの処理を誤ると、いわゆる文字化けが発生します。

文字コード	別名・正式名	用途
ユニコード	UTF-8	一般的なテキストファイルやHTMLファイルの文字コード
JISコード	ISO-2022-JP	電子メールでは今でも使われている
SJISコード	Shift-JIS	ASCIIコードに日本語を追加したもの
EUC	UNIX文字コード	UNIXでの標準文字コード

HTMLの見えない部分 head要素

lesson. 04

head要素は、Webブラウザや検索エンジンに対して、これがどのようなHTMLファイルなのかを説明するための要素です。

よく使うhead内のタグ

HTMLファイルの中で見えない情報を定義するのがhead要素です。head要素には、Webブラウザや検索エンジン、他のWebサイトなどに対して「このページはこういう内容のページです」という概略を伝える役割があります。外部のリンクファイルの管理を行うlinkタグ、HTMLファイルに関する付加的な情報を表すmetaタグなど、多くのWebページで使うhead内のタグは共通しています。

head内のタグの指定をまちがえると、文字化けが起こる、スマートフォンで正しく表示されない、CSSファイルやJavaScriptファイルが正しく読み込めないなど、重大な問題が生じる場合があります。また、ページの前後のつながりを検索エンジンに伝えるタグなども、設定をまちがえると検索結果に悪影響を及ぼします。

タグ	意味
title	そのページのタイトル
meta name="description"	どういう内容が書かれているのかの要約
meta property="og:	FacebookなどのSNSに対して提供する情報
meta charset	文字コードの指定
meta name="viewport"	画面サイズによる表示切り替えの指示
link rel='stylesheet'	CSSファイルの読み込み
script type='text/javascript'	JavaScriptファイルの読み込み
link rel="icon"	お気に入りなどに表示される小さなアイコンの指定
link rel="apple-touch-icon"	スマートフォンのホーム画面に登録する際のアイコンの指定
meta name="twitter:	Twitterに提供する情報

SNSにWebページの内容を伝える

FacebookやTwitterなどのSNSでは、投稿欄にWebページのURLが入力されると、そのWebページの情報を取得して画面の一部を表示するしくみになっています。この時、そのWebページの内容を要約した文章や、注目してもらいたい商品画像がSNSに掲載されるように設定しておくと、より効果的に情報を伝えることが可能になります。Webサイト内の適切な情報をSNSに伝えることで、SNSでの表示が最適化され、さらに多くの閲覧者を呼び込むことが期待できるのです。

Facebookが提唱するOGPは、このページがどのようなページかをSNSに伝えるためのmetaタグです。同様に、Twitterにも独自のプロパティが用意されています。これらの情報があると、SNSはその情報を優先して表示します。

▶ LINEのチャット画面

Webページを引用した際に、各metaタグの内容が反映されます。

▶ Twitter

▶ Facebook

OGPのmetaタグはFacebookなどのSNSで使われます。

◆ **OGP**（オージーピー／Open Graph Protocol）

第 3 章 ▶ HTMLやCSSなど、Webブラウザ側の技術を知ろう

lesson. 05

CSSでWebページを見やすくする

HTMLで構造を定義されたテキストファイルに対して、見た目をどのように表現するかを決めるのがCSSです。

CSSの役割

HTMLは、Webサイトの情報に対して意味を与えるためのものでした。それに対して、Webサイトの情報に対してどのような見た目で表現するかを決定するのが、**CSS**になります。例えばHTMLで「見出し」として指定した文字に対して、「見出しは太字で赤字」などといった見た目を決定するのがCSSの役割です。また、スマートフォンやテレビ、パソコンやプリンタを使って紙に出力するといった、デバイスごとにちがう見た目に情報を加工したい場合にも、それぞれに適したCSSを作成して指定します。

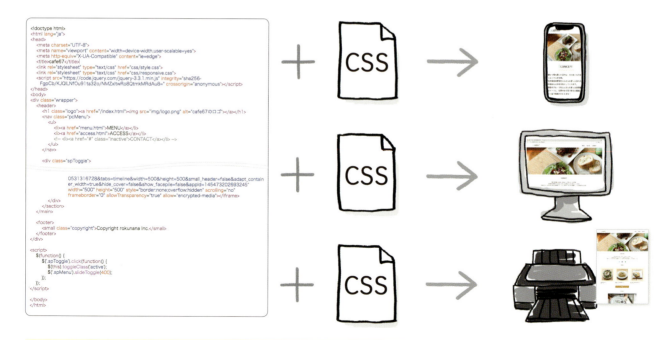

CSSファイルを複数用意することで、同じHTMLをディスプレイやプリンタなどのデバイスのちがい、画面サイズのちがいに合わせて最適な見た目にして出力することができます。

ボックスモデル

CSSでは、<h1>から</h1>、<div>から</div>といった1対のHTMLタグを1つの**ボックス**と考え、そのボックスの組み合わせによってWebページが構成されていると考えます。例えば段落タグ<p>から</p>で囲まれたボックスに対して、前後に空白行を入れる、横幅を狭くするといった見た目に関わる部分を、CSSを使って指定していきます。このボックスを入れ子にし、組み合わせていくことで、Webページ全体ができあがります。

右下の図のcontentの部分が、段落、画像などの中身です。borderが境界線で、その内側と外側に、paddingとmarginという空間を持っています。上下左右の値は個別に指定できるので、画像の右側だけ空間を作る、段落の下にだけ空間を作ってから罫線を引くといったことが可能です。

整合性の取れない指定をすると、Webブラウザでの表示がおかしくなったり、特定のWebブラウザで表示できなくなったりといった問題が起きます。HTMLと同様にCSSも正しく指定することが重要です。

1つの要素が1つのボックスを持っている

テキストや画像は、すべて見えないボックス構造を持っています。これらを適切に指定し、組み合わせていくことでWebページが作られています。

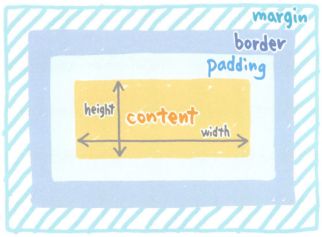

ボックスは、境界線やその前後の空間の大きさなどを属性として持っている

CSSによる指定の方法

CSSでは、Webページを構成するそれぞれの要素に対して適切な見た目を指定します。CSSによる指定の出し方には、<h1>や<p>などのHTMLタグに直接指定する方法や、HTML側でタグにつけたクラス名やIDに対して、CSS側で見た目を指定する方法などがあります。

● HTMLタグに直接指定する

▶ HTML側

```
p{
    color: blue;
}
```

● クラスを使って指定する

▶ HTML側

```
<p class="blue">ここの文字列が対象</p>
```

▶ CSS側

```
p.blue{
    color: blue;
}
```

✓ Check! CSSで使う単位

コンピュータの画面表示における単位といえば、ピクセル（px）が代表的です。しかしピクセルを基準に考えるのは、1ピクセルがどの画面でもほぼ同じサイズで表示されていた頃の名残です。パソコンやスマートフォンなど、画面のサイズや解像度がまちまちな現在では、そもそも1ピクセルの大きさが一律ではありません。ピクセルが使われなくなったというわけではありませんが、Webデザインで利用しやすい、相対的な単位指定の方法があります。これらをうまく使い分けて、CSSを書いていきましょう。

▶ 相対的な単位の例

単位	例	意味
em	1.5em	親要素の150%で表示
rem	1.5rem	そのWebページのフォントサイズの150%で表示
%	150%	画像など、それ自体のサイズの150%で表示
vh	100vh	画面の表示サイズの高さに対して100%で表示

グリッドレイアウトとCSSフレームワーク

Webサイトのレイアウトを行うにあたって、約束事がないと配置が散漫になり困る場合があります。そこでよく使われる手法が**グリッドレイアウト**です。
グリッドレイアウトはCSS gridという要素を使って指定するのですが、対応しているWebブラウザが少なかったことから、**CSSフレームワーク**と呼ばれるツールを利用するのが一般的です。CSSフレームワークには、レイアウトのパターンや部品、機能があらかじめ用意されています。横方向に12分割されたグリッドを使い、横長の大画面からスマートフォンの縦長画面までのレイアウトを簡単に指定することができます。代表的なCSSフレームワークに、**Bootstrap**があります。

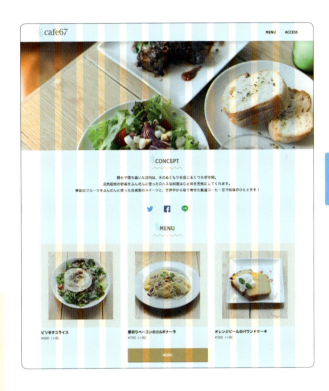

右の図では、模式的に水色のストライプが12本書いてあります（もちろん実際には表示されていません）。例えば、見出しのテキストをスマートフォンの時は12本全部、パソコンでは真ん中の4本分使うといった形で、それぞれの画面サイズにおいて、何本目から何本目までを使うのかを指定します。

✓ Check!　CSSプリプロセッサ

大規模なWebサイトになると、CSSの構成も複雑になります。例えば、青系の色で作っていたWebサイトのデザインを最終的に赤系の配色に変更することになった場合、CSSファイル全体をくまなく検索して修正するのは現実的ではありません。

そこで、CSSのコードをより効率的に記述・管理するための「CSSプリプロセッサ」というツールが利用されています。CSSプリプロセッサを使って記述したコードは、最終的に通常のCSSに自動で書き出すことができます。代表的なCSSプリプロセッサに、SCSS（サス）があります。

	CSS	CSSプリプロセッサ
変数	ない	ある
関数	使えない	使える
入れ子構造	書けない	書ける
そのままWebブラウザが理解できるか	できる	できない

● Bootstrap（ブートストラップ／https://getbootstrap.com）

第3章 ▶ HTMLやCSSなど、Webブラウザ側の技術を知ろう

lesson. 06

Webサイトのデザインの考え方

Webサイトのデザインに、正解・不正解はありません。しかし、見やすさや使いやすさといった観点でのレイアウトの考え方は知っておく必要があります。

デザインの基本的な考え方

Webサイトのデザインを考える上で重要なことは、「情報が正しく伝わるかどうか」と、「関連する情報に的確にアクセスできるどうか」の2点です。ここでいうデザインとは、見映えをよくするという意味ではなく、情報の見せ方を「設計」するということです。

例えば、お店の情報であれば場所やメニュー、商品ページであれば特徴や値段などの情報がある中で、お客さんの視点に立って情報の優先度を考え、それが正しく伝わるデザインなのかどうかを検証します。

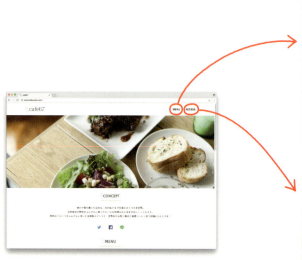

MENUページには料理の写真や特徴や値段など

Accessページには地図や住所、連絡先などユーザの視点に立ち、あると便利な情報を入れよう。

商品の紹介や場所の案内などの情報を、Webサイト全体で正しく切り分けて表示します。商品の紹介と書いてあったのにリンク先のページが場所の説明だったりするなど、項目の名前と内容が一致していないとユーザに対して不親切なだけでなく、検索サイトに対しても不利になります。

レイアウト

Webサイトのレイアウトを考える上でもっとも重視するべき点は、ユーザが求める情報に正しく導けるかどうかです。そのために見やすさや触りやすさを調整し、ユーザが迷わない、まちがえないレイアウトを追求していきます。スマートフォンでの使用を第一に考える場合は、1カラムレイアウトが基本となります。P.75の12分割のグリッドレイアウトや、P.79のレスポンシブウェブデザインの考え方と合わせて、現在主流のレイアウトとなっています。

● 2カラム／3カラムレイアウト

スマートフォンでは1カラム、パソコンでは横幅を活かして2カラムレイアウトに切り替える場合に使われます。大画面では、3カラム以上のレイアウトも有効です。

● 1カラムレイアウト

スマートフォンからパソコンまで、共通のデザインを拡大・縮小して表示できます。各種広告ページからニュースサイトまで、幅広く使われています。

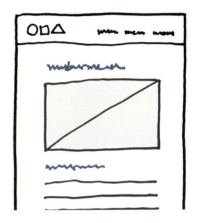

● カード型

情報を付箋に書いたように並べて表示します。スマートフォンでも横に2〜3個並べることで、同様の情報を一覧することに向いています。

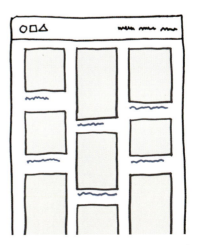

モバイルファースト

Webサイトのデザインキーワードに**モバイルファースト**という言葉があります。これはスマートフォンのページを先にデザインしましょうといっているわけではありません。Webサイトを利用するユーザが「いつでもどこでもスマートフォンから手軽に何度もアクセスしてくるという想定でWebサイトを設計しよう」という思想を表しています。

結果的にはスマートフォンで見た時にどう見えるかを優先して考えることになるのですが、重要なのは見た目ではなく、ユーザがどのように行動し、どのような体験をするかということを重視してWebサイトをデザインするという点にあります。

人によっては1日100回以上スマートフォンの画面を見ているといわれています。朝起きてから寝る前までインターネットの情報を見ている人に対して、どのようにWebサイトを見てもらい、体験させるのかを考えることが重要です。

画面の横幅が片手に収まるくらい狭い

パソコンやテレビは横長の比率のものが多い

一般的なWebサイトでは、スマートフォンでどう見えるかをデザインして、パソコンではそれが横に広がって大きな画面になったと考えると簡単です。

レスポンシブウェブデザイン

現在、インターネットを見るのにパソコンを使っているのは一部の人にすぎません。多くのユーザは、スマートフォンなどのモバイル機器からWebサイトを見ています。横長でサイズの大きいパソコンの画面に比べて、スマートフォンの画面は縦長でサイズが小さいことから、同じWebサイトでも、パソコンで見やすいデザインとスマートフォンで見やすいデザインを切り替えて表示することがあります。このようにデバイスのサイズに応じてWebサイトの画面構成を適切に調整する手法のことを、**レスポンシブウェブデザイン**と呼びます。

しかし、レスポンシブウェブデザインは万能ではありません。それぞれの画面サイズに合わせて、表示するファイルを振り分けたり、モバイル表示のみの画面を作ったりするなど、制作の難易度やコスト、それぞれの表現のメリット・デメリットを考え、そのWebサイトにとって最適な手法を選択する必要があります。

ディスプレイは縦長にも横長にもなる

人間の目は、横並びに2つついています。そのため、横長の画面の方が見やすく感じます。パソコンやテレビなど多くのディスプレイは横長ですし、映画館では縦のサイズ1に対して、横が2倍以上の横長の画面で上映しています。それに対してスマートフォンの場合は、片手で持って使うということもあり、縦長のディスプレイになっています。また、パソコンやテレビが比較的離れた位置から画面を見るのに対し、スマートフォンでは目に近い位置で画面を見つめるのが一般的です。

このように、画面が縦長なのか横長なのか、離れて見るのか手元で見るのか、周囲は明るいのか暗いのかなど、Webサイトを見る環境はさまざまです。

スマートフォンは縦向きでも横向きでも使われる

ユーザがどのようなディスプレイ、状況でWebサイトを見ているのか、Webサイトを作っている側からはわかりません。

第3章 ▶ HTMLやCSSなど、Webブラウザ側の技術を知ろう

lesson.07 ユーザインターフェース

ユーザにとって使いやすいWebサイトであるかどうか？ Webサイトを制作する際、ユーザインターフェースはもっとも重視するべき検討要素です。

見るから使うへ

昔のWebサイトは、「閲覧する」ものが主流でした。ニュースや株価、天気予報といった情報を「見る」対象だったのです。しかし最近のWebサイトは、商品を購入したり、ホテルを予約したり、表計算やメールを操作したりと、「使う」対象になっています。
ユーザとコンピュータの間で情報をやりとりするための接点のことを、**ユーザインターフェース**といいます。Webサイトのユーザインターフェースは、もはや「見る」にとどまらず、「操作」の対象となっているのです。そのためWebサイトのインターフェースには、「見やすさ」だけではなく「使いやすさ」が求められるようになってきています。

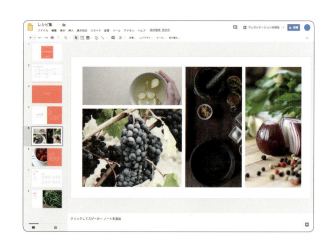

Webブラウザの中で、メールや表計算ソフトが動いています。ユーザとしては動いて当たり前のように感じますが、簡単にはまねできないほど高度な制作技術で作られたWebサイトです。

タッチパネルを前提に

インターネットに接続する端末がパソコンのみだった時代には、Webサイトはマウスを使って操作するものでした。しかしスマートフォンやタブレットでは、マウスではなく、指でディスプレイに直接触れることによって操作を行います。つまり、Webサイトのインターフェースを考える際に、「タッチパネルを指で触れて操作する場合に使いやすいかどうか」ということを考える必要があるのです。

例えば画面上のボタンに指で触れると、ボタンは指で隠れて見えなくなります。パソコンで小さなマウスポインターを使ってボタンをクリックしていた時とは、異なる感覚です。スマートフォンとパソコンとでは、ボタンの大きさに対する考え方が変わってくるのです。このようにユーザインターフェースの使いやすさは、さまざまな端末を想定して考えられなければなりません。

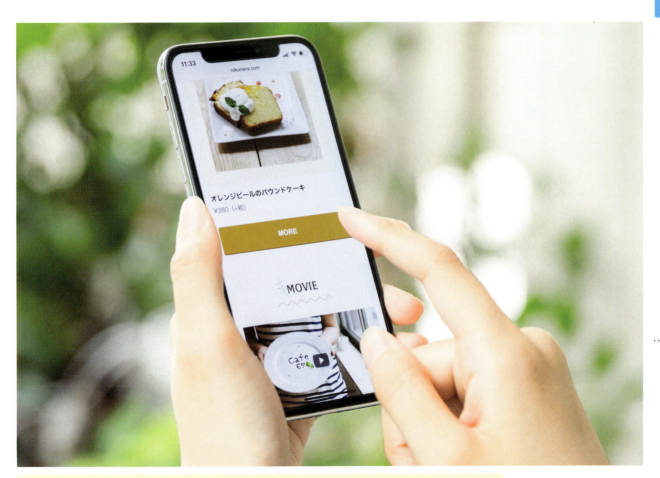

ボタンの大きさは、人差し指で押しやすいサイズが基準です。
小さいボタンは押しにくく、大きすぎるボタンは押せるということが伝わりにくくなります。

アクセシビリティ

Webサイトの利用のしやすさのことを、**アクセシビリティ**といいます。アクセシビリティというと、身体障害者や高齢者を対象に語られることがあります。しかし本来のアクセシビリティとは、身体障害者や高齢者に限られることではありません。より多くの人が情報にアクセスできることを目指すのが、本来のアクセシビリティの意味なのです。誰にとっても読みやい文章であること、押しまちがいのしにくいボタンであること、画像に正しく補足情報がついていることなど、アクセシビリティは特別なことではなく、Webサイト制作における基本的な考え方だということを知っておきましょう。

どれがボタンかしら？

日本人の3人に1人はすでに高齢者です。そのため老眼の人の割合も多く、また20人に1人は先天的な色弱だといわれています。

はっきりした色はわかりやすいわ！

オリジナリティは必要ない

Webサイトを制作する際、新しいユーザインターフェース、新しいデザインを考案することは、まちがいではありません。しかしユーザの観点から考えると、見知らぬインターフェースは、使い方を理解するのに余計な労力が必要になります。独自のユーザインターフェースを考えるよりも、むしろ標準になりつつあるユーザインターフェースをある程度踏襲するべきでしょう。

例えばスマートフォンでWebサイトを見た時に、画面の右上や左上に置かれている3本線のボタンは、今ではメニューを表示するためのボタンだと認識されています。このように、すでに認知されているユーザインターフェースを踏襲することで、ユーザがそのWebサイトにアクセスした時に、すぐに使い方を理解することができます。

こうしたインターフェースの認知度は、時代を経るに従ってどんどん変化していきます。かつては常識として皆が知っていたものが、そうではなくなることもあります。Webサイト制作者は、デザインの潮流を常に意識してデザインを考えることが大切です。

> 似たようなデザインのWebサイトが多くなってきたことは、Webサイトという存在が一般化した証です。ユーザインターフェースにおけるオリジナリティは、ユーザの学習コストを考えると必要ありません。

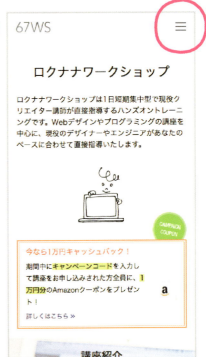

・Column・ スマートフォンでの表示を確認する

通常、Webサイトの制作はパソコンを使って行います。制作中のWebサイトがスマートフォンやタブレットでどのように見えているのかは、パソコンの画面ではわかりません。下記のような方法を使って、スマートフォンやタブレット端末での表示内容を常に確認するようにしましょう。

● **動作モックアップの確認**
プロトタイプ制作のためのアプリケーションAdobe XDを使うと、制作中のWebサイトのプロトタイプを、パソコンに接続したスマートフォンでリアルタイムにプレビューできます（macOSのみ）。

● **エミュレータ**
パソコンにAndroidの開発環境をインストールすると、Androidのエミュレータがインストールされます。このエミュレータを使って、Android端末での表示を確認できます。macOSを使用している場合は、Xcodeを入れるとSimulator.appが利用できるようになります。これは同じApple製のiPhoneやiPadでの表示を正確に再現してくれます。

● **Chrome**
ChromeでWebページを表示している時、右クリックして「検証」を選択すると、制作者向けのデベロッパーツールが表示されます。このデベロッパーツールを使うと、スマートフォンでの表示のされ方を確認したり、JavaScriptの動作を確かめたりと、Webサイト制作にとても役立ちます。

● **実機で確認**
最終的には実機での確認が重要です。スマートフォンで自分のパソコンやテストサーバに接続するなどして、Webページがどのように表示されるかを確認します。

▶ **SimulatorでiPhone 8での表示をシミュレーション表示（macOSのみ）**

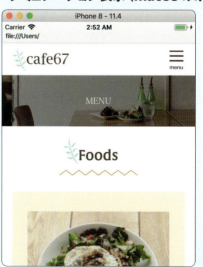

▶ **Chromeデベロッパーツール**

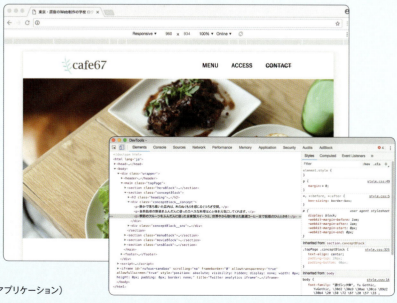

◆ **Xcode**（エックスコード／Appleが無償配布している開発用アプリケーション）

◆ Chapter 04

Webサイトの構成要素
画像・文字・映像

Visual Index ▶ Chapter 4
Webサイトの構成要素　画像・文字・映像

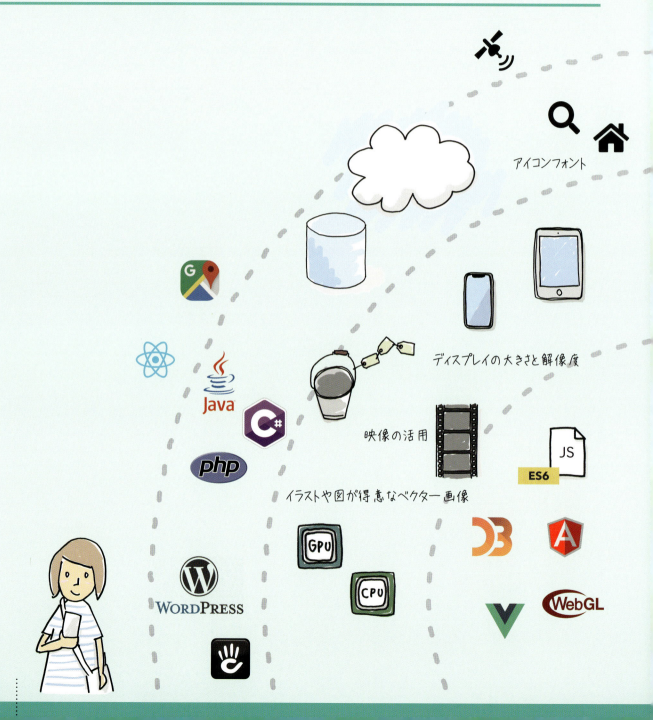

Webサイトにおいて文字情報の次に重要なのが、画像や映像です。多くの場合、見出しの次には写真やイラスト、図などの画像に目が行きます。検索エンジンにとっては文字情報が重要ですが、人間にとっては画像の方が重要と受け取られることもあります。アニメーションやムービーといった動画になると、情報量もさらに多くなるため、文字情報をたくさん用意するよりも効果的な場合があります。

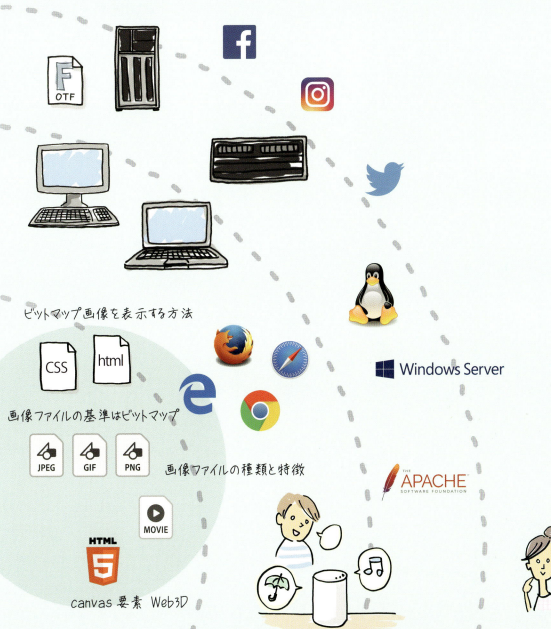

第 4 章 ▶ Webサイトの構成要素　画像・文字・映像

lesson. 01 ディスプレイの大きさと解像度

手のひらに収まる小さいものから、街頭で見上げる巨大なものまで、身の回りにはさまざまなディスプレイが存在しています。

さまざまな大きさのディスプレイ

Webサイトを表示するディスプレイのサイズはさまざまです。ディスプレイのサイズは、対角線の長さを**インチ**の単位で表すことによって記載されます。スマートフォンは6インチ前後（1インチは約2.5cm）、タブレットは10インチ、ノートパソコンは13〜15インチ、テレビが40〜50インチ、屋外のデジタルサイネージは100インチ以上あります。

こうした物理的なサイズのちがいは、ユーザ体験のちがいになります。手元で触りながら小さなディスプレイを見ている状態と、大きなディスプレイを離れて見ている状態では、同じWebサイトでもユーザに与える印象は大きく異なります。

また、ディスプレイの縦横比も重要な要素です。映画館のスクリーンは横2.35対縦1程度の横長、スマートフォンは横9対縦16程度の縦長になります。

▶ **画面サイズの比較**

47インチの液晶テレビ（LG製）　　5.8インチのiPhone X（Apple製）

色

ディスプレイは、製品によって表現できる色の数にちがいがあります。一般的なディスプレイは、光の3原色であるRGBをそれぞれ8bit、256段階で表現します。RGBの3色それぞれで256の3乗≒1677万色になり、これを**24bitフルカラー**と呼びます。Webページを制作する場合も、色指定はこの約1677万色の中から行います。

色の指定は、10進数だと桁が多くて大変なので、以下の表のように00～FFの16進数で書きます。

16進数は、人間に理解しやすい10進数とコンピュータが理解する2進数（bit）、その両方に歩み寄った表現になっています。例えば、2進数で「10011010」と8桁で書かれる情報は、16進数を使うと「9A」とたったの2桁で書き表せます。

RGBを2進数で表すと各8桁（8bit）×3で、合計24桁（24bit）になります。16進数で表すと各2桁×3で、合計6桁になります。16進数を利用することで、コンピュータやWebサイトでの色指定は「000000～FFFFFF」の範囲で表現することができます。これをカラーコードといいます。

10進数	0～255
16進数	00～FF

黒のカラーコード　00 00 00

白のカラーコード　FF FF FF

例えば、紫の場合は赤と青の光を足せばよいので、FF00FFとなります。

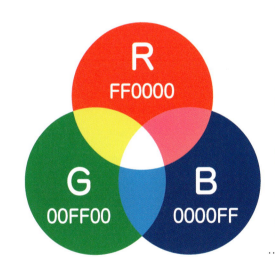

✓ Check!　CMYK

RGBとは別の色の考え方に、CMYKというものがあります。これは印刷所で紙にインクで印刷する場合に使います。白い紙に、シアン、マゼンダ、イエロー、ブラックの4色を重ねてさまざまな色を表現します。このCMYKはIllustratorやPhotoshopなど、印刷にも使用するアプリケーションのメニューに出てきますが、Webサイト制作では使いません。特別な事情がない限りはRGBで作業するようにしましょう。

◆ **RGB**（アールジービー／R：レッド・赤、G：グリーン・緑、B：ブルー・青／光の3原色）
◆ **CMYK**（シーエムワイケー／C：シアン、M：マゼンダ、Y：イエロー、K：ブラック）

解像度

ディスプレイを虫眼鏡で見ると、小さな点の集まりでできていることがわかります。絵画の手法である、点描と同じような構造です。ディスプレイの物理的なサイズが大きいと、迫力はありますが、点描の点1つ1つが大きくなるので、粗い画面になります。逆に小さいディスプレイでは1つ1つの点が小さくなるため、密度の濃い精細な画面になります。粗い画面はある程度の距離をとって見る場合に適しており、精細な画面は近い位置で見るのに適しています。点の数が多いほど、ディスプレイの表示処理に高い計算能力が必要になります。

この点の細かさを、1インチの幅の中で何個の点が入っているかで表したものが**解像度**です。解像度の単位は、**dpi**で表現されます。例えば72dpiという場合、1インチ四方の中に、72×72＝5,184個の点が入っていることを示しています。最近のディスプレイは高解像度化が進んでおり、精細さとしては印刷物をしのぐほどになっています。

媒体	例	解像度
CRT	昔の真空管モニターなど	72dpi
印刷	新聞	200dpi
	雑誌	300dpi
	グラビア、写真集	350dpi
液晶ディスプレイ	iPhone X	450dpi

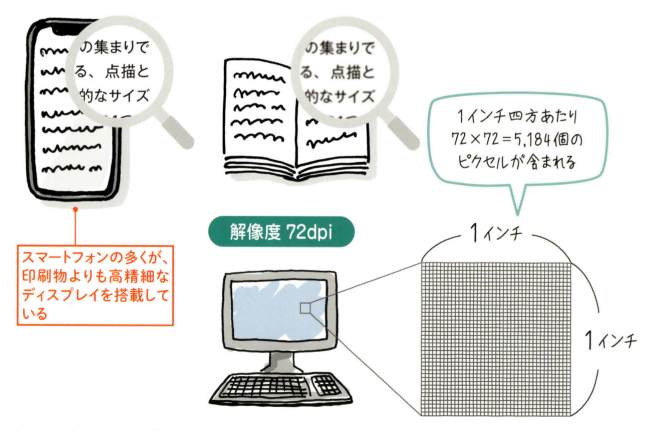

スマートフォンの多くが、印刷物よりも高精細なディスプレイを搭載している

1インチ四方あたり72×72＝5,184個のピクセルが含まれる

解像度 72dpi

◆ **dpi**（ディーピーアイ／ドット パー インチ／dot per inch）

論理解像度

例えばAppleのiPhone Xの場合、約5.8インチの画面に450dpi以上の解像度と、一般的な印刷物の解像度350dpiよりも細かい表現を感じ取れるディスプレイとなっています。

このような高精細なディスプレイが普及するに伴い、1点1点が目では確認できないほど、解像度が細かくなりました。その結果、Webサイトをデザインする際の指定が細かくなり、制作する上で不便になっていきました。そこで、これらの高精細なディスプレイのよさを活かしつつ、デザインもしやすくするため、**論理解像度**という考え方が用いられるようになっています。

論理解像度では、ディスプレイ上での4ドットや9ドットを1ピクセルとして表現し、あえて粗く指定する方法をとっています。4ドットで1ピクセルを表す状態を「デバイスピクセル比が1:2である」、9ドットで1ピクセルを表す状態を「デバイスピクセル比が1:3である」と表現します。

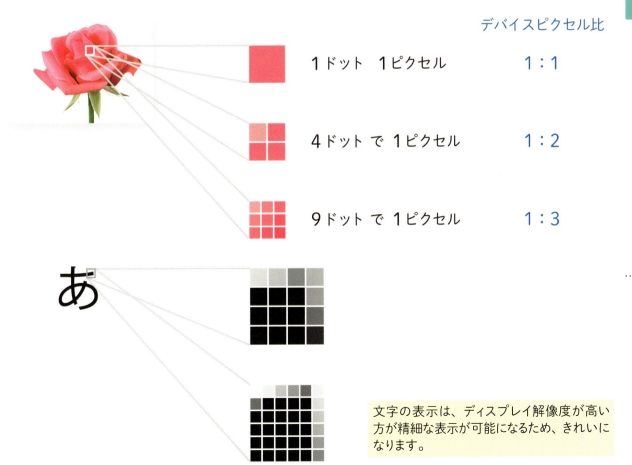

文字の表示は、ディスプレイ解像度が高い方が精細な表示が可能になるため、きれいになります。

第4章 ▶ Webサイトの構成要素　画像・文字・映像

lesson.
02 画像ファイルの種類と特徴

Webサイトに掲載できる画像には、いくつかの種類があります。それぞれの向き不向きや特徴を理解し、使い分けましょう。

さまざまな画像ファイル

Webサイトは、文字と画像や映像などの組み合わせによって構成されています。一般的な写真はJPEGファイル、簡単なアニメーションはGIFファイル、アニメーションするグラフはSVG、アイコンはフォントファイルといったように、文字以外のさまざまな要素には、それぞれに適した表現方法があります。

JPEG、PNGなどの画像ファイル	JPEG　GIF　PNG
SVGなどコードとして書かれたもの	SVG
CSSで書いた線や図形	CSS3
canvas要素	HTML5 canvas
フォントとして表示されるアイコン	Font Awesome
Webページ内での3D表現	HTML5 canvas+WebGL（WebGPU）
映像ファイル	MOVIE
Javaなどのプラグイン	Java

ビットマップ画像とベクター画像

色の点が集まって1つの絵を構成している画像を、**ビットマップ画像**といいます。写真などの画像ファイルは、ビットマップ画像として保存されています。ビットマップ画像は点の集まりのため、拡大すると粗い状態になります。点の数を増やすと精細な画像になりますが、精細になるほどファイルサイズが大きくなります。

それに対して、点と点を計算によってつなぎ合わせることで描画されるのが**ベクター画像**です。拡大しても粗くならないため、印刷やスマートフォンなどの高い解像度を必要とする場面に最適です。しかし表示のたびに計算が必要になるため、ビットマップに比べると若干表示速度が遅くなります。

	ビットマップデータ（Bitmap Data）	ベクターデータ（Vector Data）
特徴	点の集まりでできている	点と線の情報が数式でできている 拡大・縮小しても画像が粗くならない
用途	細かい色の変化を表現できる写真、絵画	図形、ロゴ
形式	GIF、PNG、JPEG　など	PDF、SVG、フォント　など

▶ビットマップ画像

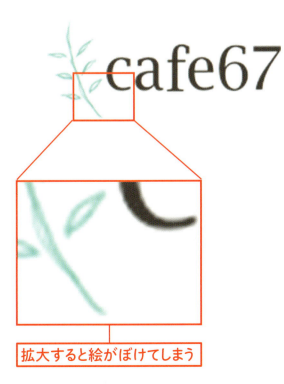

拡大すると絵がぼけてしまう

▶ベクター画像

拡大しても美しい輪郭を保っている

第 4 章 ▶ Webサイトの構成要素　画像・文字・映像

lesson.
03

画像ファイルの基本はビットマップ

色の点が隙間なく大量に並ぶことによって構成されているのが、ビットマップ画像です。ビットマップ画像の種類と、それぞれの特徴を理解し使い分けましょう。

ビットマップ画像の主なファイル形式

Webデザインでよく使われるビットマップ画像のファイル形式は、**JPEG**、**PNG**、**GIF**の3種類です。これらは古いWebブラウザも含め、多くの環境で問題なく表示できるので、安心して使うことができます。扱える色の数、アニメーションが可能かどうかなど、それぞれ表現の得意・不得意や特徴があります。

簡単な使い分けのポイントは、以下の通りです。

- 四角いまま配置する写真は**JPEG**
- イラストをきれいに見せたい時は**PNG**
- 背景を透明にしたい時は**PNG24bit**
- アニメーションさせるなら**GIF**
- 色数の少ない図や表なら**PNG8bit**

	ファイル形式	読み方	特徴	用途
JPEG	JPEG (Joint Photographic Experts Group)	ジェイペグ	フルカラーで1670万色を表現できる	写真
GIF	GIF (Graphics Interchange Format)	ジフ	256色で構成されている アニメーション可能	アイコン、GIFアニメ
PNG	PNG (Portable Network Graphics)	ピング	フルカラーで背景を 透明にすることもできる	256色のモードもあり、 イラストや図などに最適

94

JPEG

JPEGは、デジタルカメラで撮影した画像やイラストなどで幅広く使われている、ビットマップのファイル形式です。フルカラーの約1670万色を利用することができます。JPEG形式では、同じ色が連続する部分などを省略することで画像を「圧縮」し、ファイルサイズを小さくしています。圧縮率を上げるとファイルサイズは小さくなりますが、その分画像が粗くなっていきます。

JPEGの圧縮は非可逆圧縮といい、一度圧縮してしまった画像はもとに戻すことができません。何度も修正を繰り返す場合や、画像を大きく表示する必要がある場合などは、ほかのファイル形式で保存しておく必要があります。またJPEGでは背景を透過させることができないため、四角い画像としてしか利用できません。

全体表示ではノイズは気になりません。ただし、圧縮率を高くするとノイズが多くなるので、全体表示でも気になる場合があります。

拡大するとノイズが見えます（べた塗りの色の部分に波のような模様があります）。

第 4 章　Webサイトの構成要素　画像・文字・映像

PNG

PNGは、JPEGと同様約1670万色を利用することができる、ビットマップのファイル形式です。JPEGと異なり、背景を透過させることができるので、ロゴマークやアイコンなどに利用すると便利です。PNGもまた圧縮することでファイルサイズを小さくしていますが、圧縮前の状態に戻すことのできる可逆圧縮となっています。

このように万能ともいえるPNGですが、JPEGに比べてファイルサイズが大きくなりやすいという欠点があります。四角い画像であれば、ファイルサイズの点ではJPEGの方が優れているといえます。

またPNGは、2コマ以上でパタパタ動くアニメーションも作成可能です。LINEスタンプなどで使われており、GIFに代わるアニメーションファイルとして活用が広がりつつあります。

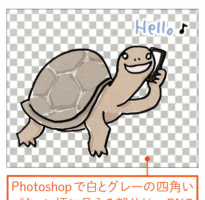

Photoshopで白とグレーの四角いパターン柄に見える部分は、PNG画像にすると透明になっている

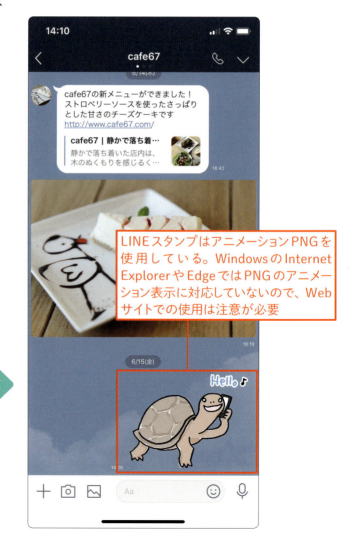

LINEスタンプはアニメーションPNGを使用している。WindowsのInternet ExplorerやEdgeではPNGのアニメーション表示に対応していないので、Webサイトでの使用は注意が必要

GIF

GIFは、256色を利用できるビットマップのファイル形式です。扱える色数が少ないため、多くの色数を必要とする写真などの用途には向いていません。PNGと同様、透明にしたりアニメーションファイルを作ったりすることができるため、アイコンやバナーなどを中心に広く使われています。

256色のパレットを作って画像を出力する

アニメーションの指定が可能

✓ Check! 画像の最適化

Webサイトにおいては、画像のファイルサイズが小さいほどWebページの表示が速くなります。そのため再圧縮したり、画像以外の属性を捨てるなどの最適化を行いファイルサイズを小さくしてから、Webサイトで使用します。なお、デジタルカメラで撮影すると、画像に撮影した場所情報などが含まれたままになります。例えばSNSに投稿する場合など、その情報から撮影場所が特定される場合があり危険です。

▶オープンソースの画像最適化アプリケーション ImageOptim（macOS用）

https://imageoptim.com/api
アプリケーションを使わず、Webサイト上で最適化することも可能です。

第4章 ▶ Webサイトの構成要素 画像・文字・映像

lesson.
04

ビットマップ画像を表示する

Webページに画像を表示するには、HTMLのbody要素内に画像表示用のimgタグを書きます。

画像を表示するHTML

JPEGやPNGなどのビットマップ画像は、imgタグでファイル名を指定することによってWebページに表示されます。imgタグには属性（その要素の設定）を付加することができます。src属性では、画像ファイルの保存場所を指示します。alt属性では、画像の説明を文字情報で記述します。障害により画像を見ることができない人や、画像を正しく認識できない検索エンジンなどに対して、それが何の画像であるかを伝えることができます。

ビットマップ画像はimgタグでファイル名を指定することでWebページに表示されます。

レスポンシブイメージ

imgタグにsrcset属性を追加すると、ユーザのディスプレイ環境に応じて、あらかじめ用意した高解像度ファイルを表示することができます。これを、**レスポンシブイメージ**と呼びます。以下のコードでは、example.jpgという画像ファイルに対して、高解像度ディスプレイで表示するときはexample@2x.jpgやexample@3x.jpgを使うように指示しています。

この方法は、解像度の異なる3つの画像ファイルを用意するなど、面倒な側面もあります。実際にはexample.jpg自体を2倍程度の高解像度で作っておき、表示する際のCSSの指定で縮小表示する手法を使うことが多いようです。

```
<img src="example.jpg" srcset="example.jpg 1x, example@2x.jpg 2x, example@3x.jpg 3x">
```

CSSスプライト

ビットマップ画像を表示する際、通常は1ファイルごとに、WebサーバとWebブラウザの間でファイルの受け渡し処理（トランザクション）が発生します。1つのファイルのサイズがどんなに小さくても、ファイルの数が多ければ受け渡しの回数が多くなり、結果的にWebブラウザの表示速度が遅くなります。

そこで、複数の画像を1つのファイルにまとめることで画像ファイルの数を減らし、表示する場所をCSSで指定する方法があります。これを**CSSスプライト**といいます。受け渡しが1回の処理ですむため、結果的にWebページの表示速度が速くなります。

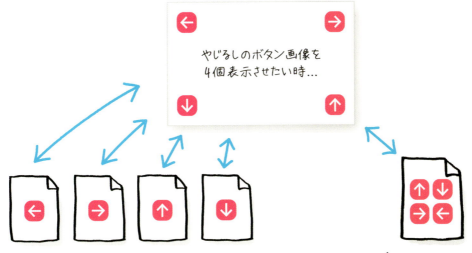

第4章 ▶ Webサイトの構成要素 画像・文字・映像

lesson. 05
イラストや図が得意なベクター画像

色の点の集合で表現しているビットマップ画像に対して、ベクター画像は計算式が入った命令文をWebブラウザが解釈することによって表示が行われます。

ベクター画像の特徴

ベクター画像は、ビットマップ画像のように固定した画像として保存されているわけではありません。点の位置や線の描き方などの計算式が、テキストファイルとして保存されています。Webブラウザがこの計算式を理解し、その場で描画を行うことによって、画像として表示されるしくみになっています。

ベクター画像では、表示環境などの条件に合わせて計算し、描画を行います。解像度に依存しないため、どれだけ拡大しても画像がぼやけず、縮小や拡大を繰り返しても画像は損なわれません。こうした特徴から、高解像度ディスプレイでの表示や印刷にも適しています。

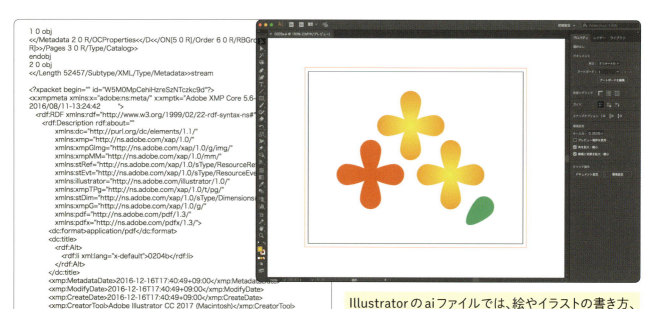

Illustratorのaiファイルでは、絵やイラストの書き方、色の塗り方の指示がテキストで書かれています。aiファイルはテキストファイルなので、テキストエディタで開くことができます。

◆ ベクター画像（ベクトルグラフィックも同じ意味）

SVG

ベクター画像は、計算処理によって点や線の描画を行うことから、単純な線や面によって構成されるイラストや図形、文字などの表現に向いています。無数の点の集合によってできている写真を表示するのには向いていません。また、描画される図形はリアルタイムに書き換えができるので、値を連続して変化させることで、グラフが描かれる様子を動画として表現することなども可能です。

SVGは、Webサイトでよく使われるベクター画像の形式です。SVGはテキストファイルとして保存され、「位置Aから位置Bに太さ5の線を引く」といった命令文が書かれています。Webブラウザはその計算式を理解し、その場で描画しています。

一般的なアイコンや図形の場合は、SVGの方がファイルサイズが軽く高速に処理されます。しかし、複雑なイラストの場合は計算式の理解に時間がかかり、表示が遅くなるので、PNGなどのビットマップ形式にした方が、ファイルサイズは重くなっても結果的に表示は速くなる場合があります。

```
<!-- Generator: Adobe Illustrator 22.1.0, SVG Export Plug-In  -->
<svg version="1.1"
    xmlns="http://www.w3.org/2000/svg" xmlns:xlink="http://www.w3.org/1999/xlink"
     xmlns:a="http://ns.adobe.com/AdobeSVGViewerExtensions/3.0/"
    x="0px" y="0px" width="420px" height="420px" viewBox="0 0 420 420" style="enable-
    background:new 0 0 420 420;"
    xml:space="preserve">
<style type="text/css">
    .st0{fill:#F6C9DC;}
    .st1{fill:#9ED8F5;}
    .st2{fill:#FFF9B0;}
</style>
<defs>
</defs>
<g>
    <path class="st0"
        d="M51.8,71.9C19.6,108.8,0,157.1,0,210c0,115.4,95,209,210.1,210V209.9L51.8,71.9z"/>
    <path class="st1" d="M210,209.9l203.8,51c4.1-16.3,6.2-33.3,6.2-
        50.9C420,94,326,0,210,0C146.9,0,90.3,27.8,51.8,71.9L210,209.9z"/>
    <path class="st2" d="M210.1,420c0.6,0-0.8,0-0.1,0c98.4,0,181-67.7,203.8-159.1l-203.7-
        51V420z"/>
</g>
</svg>
```

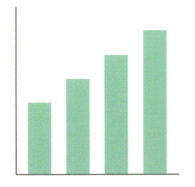

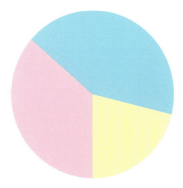

SVGファイルをテキストエディタで開き、正しく書き換えて保存すれば、グラフやイラストの内容を更新することができます。

◆ **SVG**（エスブイジー／スケーラブル ベクター グラフィックス／Scalable Vector Graphics）

第 4 章 ▶ Webサイトの構成要素　画像・文字・映像

lesson. 06

canvas要素とWeb3D

canvas要素は、JavaScriptのプログラミングによって描画します。GPUの利用により高速な処理が可能なため、3D表現にも使われています。

canvas要素とは

HTML5から、canvas要素が追加されました。canvas要素では、HTML内に<canvas>というタグを指定することによって、画像を描画する場所を確保します。そしてこの場所に対して、JavaScriptから画像の描画を行います。あらかじめ描いておいた画像を表示するのではなく、その場でリアルタイムにビットマップ画像の描画を行っているのが特徴です。

canvas要素では、HTMLとJavaScript内にコードを書き込みます。ちょっとしたアニメーションの場合はCSSで動かした方がよいですが、「0から100まで自分の力で作り出せるグラフィック領域」という観点からゲームやアプリを作れるため、canvas要素の重要度も高いといえます。

▶JavaScriptを利用したゲームの例：パックマン

```
1  <html>
2  <script>
3  var cv = document.getElementById("canvas_area"); //HTMLの任
4  var cvc = cv.getContext("2d"); //2次元の描画エリアとして選択
5
6  //後はさまざまな描画命令を使って絵を描く
7  cvc.fillStyle = "red";
8  cvc.fillRect(100, 100, 200, 200); //四角を描く
9
10 cvc.beginPath()
11 cvc.lineWidth = 20; //線の太さを指定
12 cvc.lineTo(10, 10); // (10, 10)から、
13 cvc.lineTo(100, 100); // (100, 100)まで線を引く
14 cvc.stroke();
15 </script>
```

2次元のグラフィックスを描く場合などは、このようにXMLで書くSVGより、JavaScriptで書くcanvasの方が、人間が見てわかりやすいソースコードになります。

https://github.com/platzhersh/pacman-canvas

Web3D

HTMLのcanvas要素と、Webブラウザ経由でOS内の3D表現を行うOpenGLライブラリ、そしてGPUの組み合わせによって、ゲーム機のような3DCGをWebページ内に表現することが可能になります。Web3Dとは技術の名前ではなく、Webサイトで3D表現を使うことを総称した概念の名前です。映像や写真とちがい、ユーザの操作によって見る角度を変えるなどのインタラクティブな操作ができ、Webページの可能性を大きく広げる技術の1つです。ゲームのみならず、教育、建築、VRなどさまざまな分野で活用が広がっています。これらも結局はJavaScriptなので、優れたオープンソースの各種ライブラリを組み合わせることで、比較的簡単に実装することが可能になります。すでに広く使われているWebGLや、技術の進歩に合わせて仕様を変更したWebGPUなどの規格があります。

▶建設や設計など業務で3Dを使う業界でも活用されている

（資料提供：応用技術（株））

第4章 ▶ Webサイトの構成要素　画像・文字・映像

lesson.07 画面に文字を表示するフォント

Webサイトでは、文字情報に対して「文字の見た目」であるフォントを割り当てることで、文字を表示しています。

フォントとは

パソコンやスマートフォンでは、文字情報に対して「文字の見た目」である**フォント**を割り当てることによって文字を表示しています。同じ「あ」という文字情報でも、適用するフォントが変われば、表示される文字の見た目が変わります。

フォントには明朝体やゴシック体などいろいろな書体（デザイン）があり、どの書体を使うかで受ける印象が大きく変わります。日本語、英語など各言語さまざまあり、無料で配布されているものもあれば、有料で購入するものもあります。

「あ」という文字をどのような形状で画面に表示するのかは、どのフォントを使うかによって決まります。

フォントの違いで印象が変わります
フォントの違いで印象が変わります
フォントの違いで印象が変わります

Webフォント

フォントのファイルは、文字の見た目をベクター画像として保存したものです。通常のフォントは、パソコンやスマートフォン内にファイルとして保存されています。それに対してWebサーバ上に保存され、Webページを表示する際に、テキストや画像などのデータと一緒にダウンロードされるフォントを**Webフォント**といいます。Webフォントを利用すると、パソコンやスマートフォンに入っていないフォントをデザインに利用することができます。

扱う文字数の少ない英文（欧文）のWebフォントはファイルサイズが小さいので、気軽に利用できます。しかし日本語は扱う文字が多いので、ファイルサイズが大きくなってしまうという欠点があります。また権利関係によりWebフォントとして使えないフォントも多いので、使用にあたっては注意が必要です。

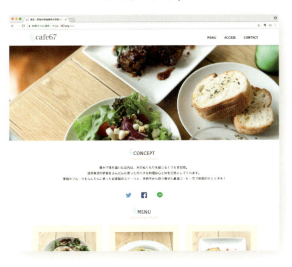

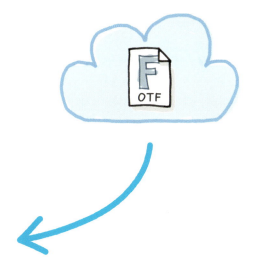

画像などと同様にサーバ上のフォントファイルを、Webページを表示する時にダウンロードさせることで、指定したWebフォントを表示します。

✓ Check! カラーフォント

一般的にフォントを使った場合、1色しか色がつけられないのですが、Windowsや macOS、スマートフォンでは複数の色で塗られた絵文字が表示できます。これは OpenType-SVG フォントという規格を利用したもので、通称カラーフォントと呼ばれています。Webサイトでも利用可能ですが、正しく表示できるかどうかはWebブラウザ側の環境に依存するため、注意が必要です。

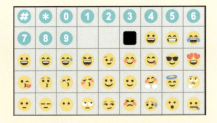

第4章 ▶ Webサイトの構成要素　画像・文字・映像

lesson.
08
アイコンフォント

Webサイトでは、ボタンやメニューに機能を表すためのアイコンがついていると、わかりやすくなります。

アイコン

トイレのマークや非常口のマークなど、言葉で書かれているよりも、視覚的に表現した方が直感的で認識が簡単になることがあります。
同様にWebサイトでも、検索は虫眼鏡、メニューは3本線、設定は歯車など、多くの人にとって共通の図柄で意味を伝える場面があります。この図柄のことを**アイコン**といい、文字ばかりのWebページにわかりやすさを追加する方法の1つとなっています。

▶ **駅や百貨店など街中でよく見かけるマーク（ピクトグラム）**

▶ **Webサイトで利用される定番のアイコン**

アイコンフォント

Webサイトに使うアイコンは、画像として用意されているものを利用するのが一般的です。しかし最近では、フォントとして配布されている**アイコンフォント**と呼ばれるものが利用されるようになっています。P.105で説明したWebフォントと同じしくみでできていて、Webサイトからアイコンフォントを自分のパソコンやスマートフォンにダウンロードすることでWebブラウザでの表示が実現します。

通常の文字のフォントと同じくベクター画像として保存されているため、ビットマップ画像のアイコンに比べてファイルサイズが小さく、画面の拡大にも耐えられるという点で扱いやすいのが特徴です。アイコンフォントはフォントという扱いのため、CSSで色を指定することもできます。

▶ **fontawesome（フォントオーサム）**

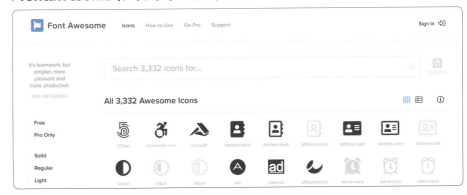

https://fontawesome.com

一般的なアイコンや有名企業のロゴマーク、Webサービスなどがアイコンフォントとして利用できます。

✓ Check! 画像は表示速度を遅くする

表示に時間がかかる、なかなか表示されないといったWebサイトをたまに見かけます。Webサイトはさまざまな理由によって表示が遅くなります。中でも画像を多用することは、Webサイトの表示を「重く」する原因の1つです。例えば次のような場合に、画像が原因で画面表示が遅くなることにつながります。

- 画像のファイルサイズが大きい
- 画像ファイルの数が多い
- SVGやcanvas要素のJavaScriptが複雑すぎる

画面表示が遅くなると、ユーザに対して待ち時間というストレスを与えることになります。その結果、ユーザがWebサイトから離れてしまうかもしれません。また検索エンジンに対しても、Webサイトの評価を落とすことにつながります。Webサイト制作者は、適切な形式の画像を利用する、画像のファイルサイズに気を配るなど、画像を原因とする表示速度の遅れを常に考慮する必要があります。

アイコンなどのWebフォントは、1ファイルの中に複数のベクター画像が入っている状態です。多少ファイルサイズが大きくなりますが、SVG形式のアイコンファイルを個別にダウンロードするよりも表示は速くなります。

第4章 ▶ Webサイトの構成要素　画像・文字・映像

lesson.
09

映像（動画）の活用

Webページでより多くの情報を伝えるために、映像は有効な手法のひとつです。映像ファイルを作りWebサイトに掲載する手順を知っておきましょう。

Webサイトで映像を扱う

YouTubeはもちろん、InstagramなどのSNSにおいても、映像コンテンツは多くの情報を伝える有効な手段となっています。文章や静止画よりも、映像を使って表現した方がわかりやすいことがあるからです。Webサイトにおける映像ファイルの取り扱い方には、主に次の2種類があります。

GIF画像ファイルのアニメーション機能を利用したいわゆる「ジフアニメ」もまた、見ている側からは映像、動画コンテンツと捉えられます。音声は入れられませんが、画像ファイルとして動画を再生できるので幅広く使われています。

- HTMLや画像と同じWebサーバに設置する
- YouTubeなどにアップロードして、Webページに再生用のHTMLを設置する

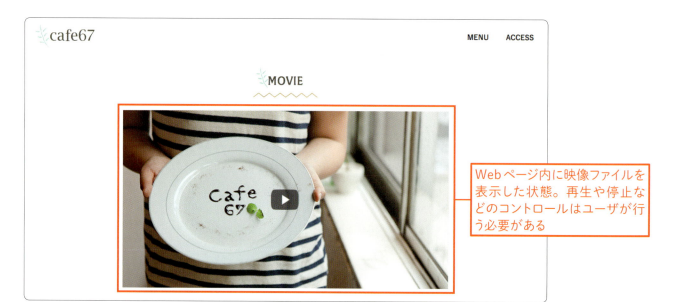

Webページ内に映像ファイルを表示した状態。再生や停止などのコントロールはユーザが行う必要がある

映像を撮る

映像を撮ることは、今は写真を撮るように簡単です。スマートフォンに搭載されているカメラの画質は、必要充分に美しい映像を記録できます。

最初は難しく考えずに、動画として使いたいものをなるべく多く撮影しましょう。素材は多い方がよく、また被写体に近づいた方がよい映像が撮れる可能性が高まります。また、撮影場所は明るい方がよいでしょう。

気をつけたいのは、後から編集する前提で撮影を行うことです。使いたい動画（録画している時間）の前後に、数秒程度の余裕を持たせておきましょう。

なお、パソコンやスマートフォンの画面に表示されている画像をファイルとして保存する機能を、スクリーンキャプチャといいます。この保存を画像ではなく、映像で行うことも可能で、アプリケーション教育映像や、ゲーム配信などで利用されています。

プロの映像制作現場でも、デジタル一眼レフカメラを使用しています。本体サイズの小ささやレンズ選択の自由度の高さなど、映像用のカメラにはない特徴があります。

スマートフォンで撮影された動画も、Webサイトに掲載するには充分な画質があります。横方向の映像だけでなく、カメラを縦方向に構えて撮影した映像も、スマートフォン向けのWebサイトでは有用です。

映像の編集

スマートフォンの普及により、映像を撮影することは身近な行為になりました。それに対して、映像の編集作業はどうでしょうか？撮影した映像に対して、映像Aと映像Bをつなげたり、必要な部分だけを切り出したり、説明の文字を画面に入れたりする作業を、編集といいます。この編集作業も、スマートフォンに入っているアプリで行うことができます。より高度な編集を行いたい場合は、パソコン用の映像編集ソフトを利用することになります。このように、誰でも気軽に映像編集を始められる環境が整っています。

Adobe AfterEffectsでタイトルやアニメーションを作成

撮影した映像をAdobe Premiere Proで編集する

編集した映像をAdobe Media EncoderでWebサイト用やYouTube用に書き出す

書き出したファイルをアップロードする

場面をつなぎ合わせて、色の調整やテロップを入れるなどの処理を行います。

映像ファイルの圧縮

映像は、1秒間に30枚の画像を切り替えることによって動きを表現しています。仮に1枚の画像が1MB（メガバイト）だとすると、1秒間で30枚なので、合計30MBになります。こうした静止画像の集まりを圧縮して保存することで、1つの映像ファイルとしています。よく利用される圧縮方法に、H.264（通称：MPEG-4）とH.265（通称：HEVC）があります。今後はH.265が主流になっていくと予想されていますが、現時点では大半の映像ファイルがH.264です。

映像ファイルの表示

映像ファイルは、静止画像やテキストに比べ、ファイルサイズがかなり大きくなります。そのため「HTMLや画像と同じWebサーバに設置する」方法では、Webサーバに負担がかかり、途中で再生が止まってしまったり、再生されるまでに時間がかかったりします。

それに対してYouTubeにアップロードし、それをWebページに埋め込む方法を取れば、ファイルの処理はYouTubeのサーバが行ってくれます。また膨大な数のユーザを誇るYouTubeを入り口にすることで、他の人に見てもらえる可能性が高まります。

```html
<section class="movieBlock">
  <h2 class="heading"><img src="img/heading_03.jpg" alt="MOVIE"></h2>
  <div class="movieBlock__movie">
    <iframe width="100%" height="100%"
      src="https://www.youtube.com/embed/4a6fz_EpW90?rel=0&amp;showinfo=0"
      frameborder="0" allow="autoplay; encrypted-media" allowfullscreen></iframe>
  </div>
</section>
```

YouTubeにアップロードした動画の埋め込みコード

·Column· 映像ファイルの転送レート

映像ファイルを公開する上で気にしておかなければならないのが、ファイルサイズです。通信速度で使われる単位に、bpsがあります。これは、1秒間に扱えるビットの数を表しています。例えば通信速度が8Mbpsという場合、8ビットは1バイトに換算され、1秒間に1MBの転送能力があることを意味しています。この状態を、「転送レートが1MBある」という言い方をします。30分程度の動画が仮に100MBの映像ファイルだったとして、これを最後まで受信するためには、8Mbpsの環境では100秒かかるという計算になります。

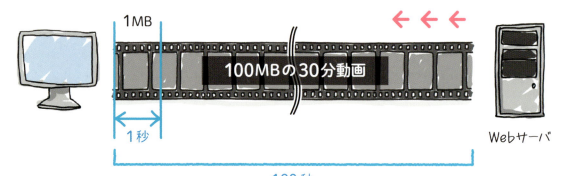

動画ファイルを自分のWebサイトに直接設置する場合は、以下の表の設定を参考に画質とファイルサイズを調整すると、わかりやすいでしょう。

ファイルサイズは、Webサイトで使用する場合は小さい方がよく、実写の動画の場合で1分あたり5～12Mバイトぐらいが妥当な範囲です。

▶ Adobe Media EncoderでWebサイト設置用のファイルを作成する

ファイル形式	H.264/MPEG-4
フレームレート	30fps
解像度	横1280×縦720ピクセル
映像のビットレート	160kbps
音声のビットレート	2Mbps

◆ **bps**（ビーピーエス／ビットパーセコンド／bit per second）

Chapter 05

動的なWebサイトを作る技術

Visual Index ▶ Chapter 5
動的なWebサイトを作る技術

Webサイトは「見てもらう」ものですが、「使ってもらう」ものでもあります。リンクをクリックする、フォームに入力する、画像を動かすといったユーザからのアクションをもとに、Webサイトに変化を与えます。こうした変化をWebブラウザ側で処理するのが、プログラミング言語JavaScriptです。

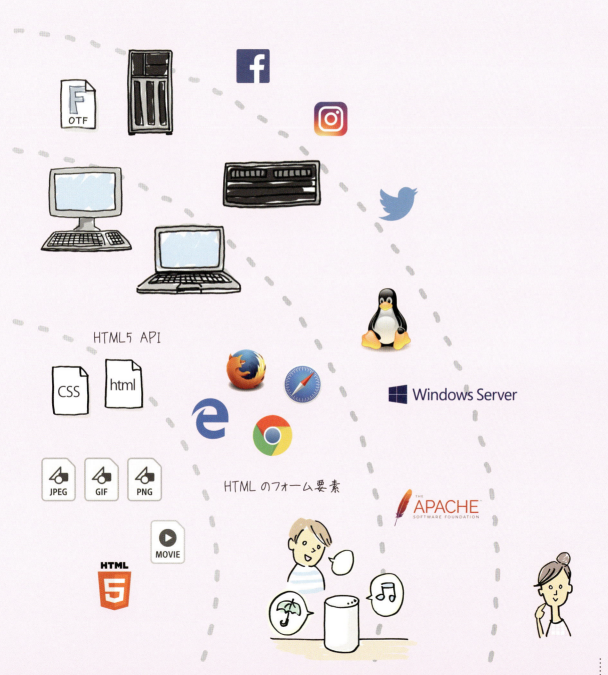

第5章 ▶ 動的なWebサイトを作る技術

lesson.
01 HTMLのフォーム要素

HTMLフォームを使うことで、WebブラウザからWebサーバへ情報を送ることができます。

Webサーバへ情報を送る

HTMLフォームを利用すると、Webブラウザの画面で入力した情報を、Webサーバに送信することができます。例えばネットショップで自分の名前や住所、クレジットカード番号を入力する画面や、企業に問い合わせを行うための画面などでHTMLフォームが使われています。ユーザがHTMLフォームに入力し、送信ボタンを押すと、その情報がWebサーバへ送信されます。

フォーム要素のtype指定

HTMLフォームには、テキスト入力欄、ラジオボタン、チェックボックスなど、さまざまな部品が用意されています。これらの部品を組み合わせて、必要なフォーム画面を作ることができます。

また、ラベル要素やデートピッカーの活用や、正しい**type指定**を行うことによって、キーボードの制御やオートコンプリートを有効にするなど、スマートフォンでの入力を前提した入力補助を実現できます。

```
<input type="text" name="name">

type="email"
type="tel"    電話用のキーボードが表示される
```

> 入力してほしい内容に合わせて適切なtypeを指定することで、Webブラウザ側の挙動を指定できる

GETとPOST

HTMLフォームで送信ボタンを押した時の送信方法には、**GET**と**POST**の2種類があります。どちらも情報を送信することに変わりはありませんが、GETの場合は送信内容がURLの中に含まれ、目に見える形になります。これにより、URLをコピー&ペーストすることでメールなどで情報を受け渡すことが可能になってしまいます。それに対してPOSTでは、受け渡している情報が見えないためコピー&ペーストすることができず、比較的安全に情報を受け渡すことができます。

▶GETとPOSTのちがい

	GET	POST
URL	URLに送信内容が文字として残る	文字としては見えない
情報量	約2,000文字	無制限
キャッシュ	リクエストに対するレスポンスはキャッシュする場合が多い	リクエストに対するレスポンスはキャッシュしない場合が多い

> GETでは、URLの中に商品名や購入までの経路など、さまざまな情報が埋め込まれている

第5章 ▶ 動的なWebサイトを作る技術

lesson.
02

JavaScript

JavaScriptは、見るWebサイトから、使うWebサイトへと変容してきた中で、もっとも重要なプログラミング言語のひとつになりました。

JavaScriptとは

Webサイトでよく利用されるプログラミング言語に、**JavaScript**があります。JavaScriptが主に活躍するのは、Webブラウザ側の処理によって動的なWebページを作る場合です。写真がスライドする、ボタンを押すとメニューが表示されるといったユーザインターフェースや、GoogleのGmailやMicrosoftのOfficeOnlineといったWebブラウザ上で操作を行うWebアプリケーションなど、さまざまな場面でJavaScriptが利用されています。

現在のJavaScriptは、2015年に決められたECMAScript 6（ES6）に準拠しています。多くの文法や仕様が追加され、より安全で便利なプログラミング言語となっています。

JavaScriptが使われているのは、Webブラウザの中だけではありません。スマートフォン、カーナビ、テレビなど、さまざまな機器の表示や制御に利用されています。また、Photoshopなどパソコン用のアプリケーションのマクロ言語としても採用されています。

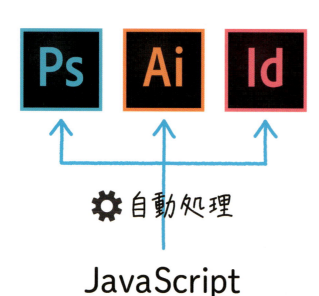

言語として標準化されているJavaScriptのメリットを活かして、アプリケーションのマクロなどにも幅広く使われています。

118 　◆ **ECMAScript**（エクマスクリプト）

DOMとは

HTML文書は、さまざまな要素が組み合わされてできています。このHTMLの要素を構造化し、ルールとして定めたものが**DOM**です。DOMでは、HTMLの各要素をツリー状のモデルとして構造化し、このモデルを構成する各要素をノードと呼びます。JavaScriptでは、このDOMのルールにもとづいてHTMLの各要素にアクセスします。DOMによってWebページ内の場所が特定できたら、そこに対して、値やタグの追加、変更、削除など、自由な操作が可能になります。

DOMは、各ノードをドットでつなげていくことで記述を行います。これを、ドットシンタックスといいます。ドメイン名と同様の方法です。頭の中でドットを「の」と読むとわかりやすいでしょう。HTMLにおいてDOMは、documentを頂点とし、枝分かれして広がっていく樹形図構造になっています。

```
document.html.body.form.input
```

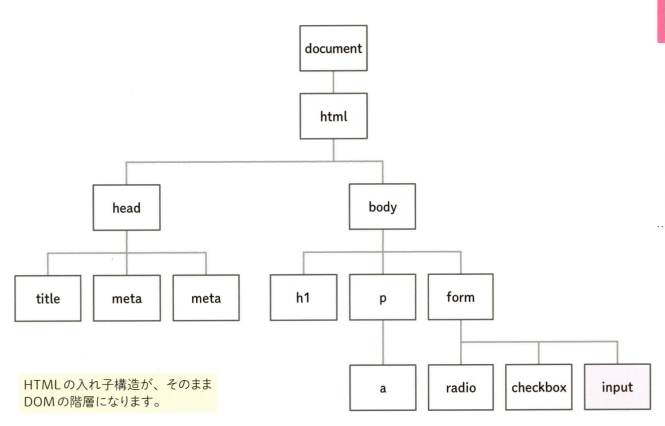

HTMLの入れ子構造が、そのままDOMの階層になります。

◆ DOM（ドム／Document Object Model）

第 5 章 ▶ 動的なWebサイトを作る技術

lesson. 03 JavaScript ライブラリ

Webサイトで実現したい動きや処理がある場合、そのすべてを自分で作る必要はありません。JavaScriptライブラリの利用を考えてみましょう。

JavaScriptライブラリとは

JavaScriptで作りたい処理がある場合、毎回いちから新しく作っていたのでは非効率です。そこで、JavaScriptのプログラムを再利用できるように配布しているのが、**JavaScriptライブラリ**です。JavaScriptライブラリでは、多くの機能がオープンソースソフトウェア（OSS）として公開され、無料で利用できるようになっています。

ライブラリには、世界中の制作者の知見が集約されています。バグやセキュリティホールに対する対応が速かったり、Webブラウザ間の挙動のちがいを吸収してくれたりもします。ただし、開発が継続されなくなるライブラリや、セキュリティリスクのあるライブラリも存在しますので、ライブラリの選択は慎重に行う必要があります。

● D3.js（ディースリージェイエス）

さまざまなデータをグラフなどの形で可視化（ビジュアライゼーション）するライブラリ
https://d3js.org

● CreateJS（クリエイトジェイエス）

2次元のUIやゲームなど、インタラクティブなコンテンツを作成するライブラリ
https://createjs.com

jQuery

もっとも有名なJavaScriptライブラリが、**jQuery**（ジェイクエリー）です。jQueryを使うと、多くの一般的な場面においてJavaScriptの記述を簡略化することができます。また、さまざまなWebブラウザ間のJavaScriptの実装上の差異も吸収してくれるので、効率的なWebサイト制作が可能になります。特にタブやアコーディオン、スムーススクロールなど、操作性や見た目に関わる部分を制作する場合に便利なライブラリです。jQueryが動作していることを前提とした追加機能（jQueryのプラグイン）も多数公開されています。

● **jQueryの利用例**

- アニメーション
- タイマー
- ユーザインターフェースの制御

✓ Check! CDNの利用

jQueryをはじめ、各ライブラリを使用するには大きく2つの方法があります。1つはライブラリの配布サイトからダウンロードして、作成中のWebサイトに他のHTMLや画像と一緒にアップロードする方法。もう1つが、CDN上のファイルを参照する方法です。CDNとは、インターネットのユーザに近い場所（プロバイダのサーバなど）にファイルのコピーを保存しておき、URLに関係なくそこからダウンロードさせることで、結果的にWebサイトの表示を高速化させているしくみです。GoogleやMicrosoftなどもCDNを提供しており、下記のような1行を書くだけで、気軽に利用できます。なお、下記のコードの「.min.js」と「.js」のちがいは、可読性とファイルサイズです。特にライブラリ自体の中身を確認する必要がなければ、「.min.js」を指定します。

CDN上のライブラリは、URLをコピー&ペーストするだけで利用できます。ただし、インターネットに接続していない状態や、CDN側でトラブルがあった場合などはライブラリが動きません。

```
<script src="https://code.jquery.com/jquery-3.3.1.min.js"></script>
```

◆ **CDN**（コンテンツ デリバリ ネットワーク／Content Delivery Network）

第 5 章 ▶ 動的なWebサイトを作る技術

lesson.
04

HTML5 API

Webブラウザには、JavaScriptから呼び出して利用できるAPIが多数用意されています。

HTML5 APIとは

APIとは、Application Programming Interfaceの略で、アプリケーションの機能の一部を公開して、だれでも利用できるようにするしくみのことです。HTMLの最新のバージョンであるHTML5でも、**HTML5 API**が公開されています。HTML5 APIを利用すると、JavaScriptなどで比較的簡単なコードを書くだけで、Webサイトに高度な機能を導入することができます。P.102で紹介したcanvas要素も、HTML5 APIの1つです。

● 代表的なHTML5 API

- **video要素,audio要素**
  Webページ内で動画や音声を再生する
- **canvas要素**
  JavaScriptで画像を描画する
- **Web Workers**
  JavaScriptで並列処理が可能になる
- **Web Storage**
  Webブラウザ側に情報を保存できる

◆ **API**（エーピーアイ／アプリケーション プログラミング インターフェイス／ Application Programming Interface）

位置情報

HTML5 APIで提供されている機能に、**位置情報**（Geolocation）があります。位置情報のAPIを使うと、Webサイトにアクセスしているデバイスの現在位置を取得できます。例えばデバイスのある場所の近くにあるラーメン屋を表示するなど、位置情報に最適化したコンテンツを提供することが可能になります。デバイス側では、無線LANのアクセスポイント、Bluetooth、GPSなどを使って、位置情報を取得しています。取得方法によって精度はさまざまで、実際の位置との誤差が数kmのこともあれば、数cmの場合もあります。

デバイスの制御

スマートフォンやタブレットなどには、さまざまなセンサーやモーター、LEDなどが入っています。HTML5 APIのデバイスの制御を利用すると、これらの装置にWebサイトからアクセスすることができます。Webサイトからこれらのデバイスを制御することで、例えばフォームに入力エラーがある場合にスマートフォンが震えるなどといった表現が可能になります。

▶ スマートフォンに搭載されているセンサー

ジャイロセンサー	傾き
加速度センサー	慣性
照度センサー	明るさ
近接センサー	距離

◆ アクセスポイント（Wi-Fiの親機と同義）
◆ Bluetooth（ブルートゥース／各種デバイスを近距離で無線接続する規格）

第 5 章 ▶ 動的なWebサイトを作る技術

lesson. 05 外部のWebサービスを活用する

映像、買い物かご、地図、決済サービスなど、自分で作るには難易度が高いサービスがあります。これらは有料、無料でAPIが提供されています。

外部サービスで提供されているAPIを使う

例えばWebサイトに地図を表示したいと考えた場合、地図データを購入したり、新しく地図を作成するのはコストがかかります。多くの場合は、GoogleやYahoo!などが提供している地図表示機能を利用することになります。この時、地図の動きと連動して表示を変えるなど、こちらのWebサイト内のJavaScriptから外部サービスの機能を呼び出して利用する場合に、APIを利用することになります。

ユーザがWebサイトにアクセスすると、同時にWebサイトから地図サービスにアクセスが行われます。Webサイトは、地図サービスから地図を表示するプログラムを取得して表示を行います。

APIキー

多くのWebサービスは、利用するWebサイトのドメイン名などの情報をサービス提供者に登録して利用します。例えばGoogleマップを利用する場合は、GoogleにWebサイトの情報を登録します。登録を行うと鍵（**APIキー**）が発行されるので、それを使ってサービスを利用します。このAPIキーを使用することで、サービス提供側が利用状況を把握し、不正やいたずらを防止することが可能になります。

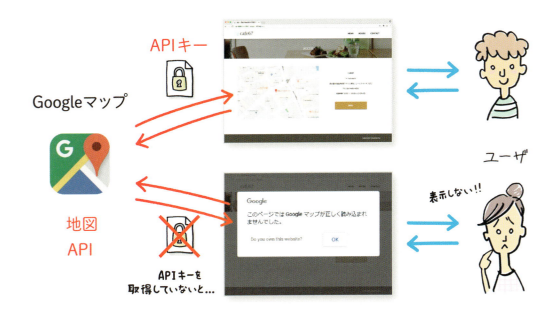

2段階認証やreCapchaの設置

ログインや会員登録の場面で、画像の中の文字を読み取り入力してくださいと表示されたり、画面の中で条件を満たす画像を選択してくださいと表示されたことがあると思います。これは、そのユーザが本当に人間かどうかの判定に使われるしくみで、**reCapcha**（リキャプチャ）と呼ばれます。自動化プログラムによって、ログインや会員登録が不正に行われるのを防ぐために開発されました。

また、通常のIDとパスワードに加えて、携帯電話の情報を使って本人確認を行う、**2段階認証**も一般的になりました。これらの認証システムも、自前でプログラミングを組むには難易度が高いので、他社から提供されているWebサービスを利用することで実現します。

第5章 ▶ 動的なWebサイトを作る技術

lesson.06 シングルページアプリケーション

Webページ全体を再読み込みするのではなく、Webページを部分的に更新していくことにより、表示を最適化する手法がシングルページアプリケーション（SPA）です。

シングルページアプリケーションとは

Webページは、Webサーバからページ全体の情報を取得することによって表示しています。この方法の問題点は、たとえ画面内の1行を書き換える場合でもページ全体を読み込み直すため、結果的にWebページの表示速度が遅くなることです。そこで、ページ全体を読み込むのではなく、更新された箇所だけを読み込み直し、情報を書き換える手法が、総称して**シングルページアプリケーション**（**SPA**）と呼ばれています。SPAによって、Webページの表示が高速化し、ユーザやサーバ、回線などの負荷が下がります。しかし、従来のWebサイトとは挙動が異なる部分が多いため、メリットとデメリットをよく理解した上で設計する必要があります。SPAはWebブラウザ側でプログラムを動作させるので、言語としてはJavaScriptを使います。

▶FacebookをWebブラウザで表示した例

Webページの各部分ごとに、それぞれ必要な情報をサーバから取得して更新しています。

◆ **SPA**（エスピーエー／シングル ページ アプリケーション／Single Page Application）

JavaScriptフレームワーク

Webサーバとのデータのやりとりや、表示の調整、画面の動きなど、SPAを自力で作ることもできます。とはいえ、前述のJavaScriptライブラリと同様に、**JavaScriptフレームワーク**を利用した方が簡単です。フレームワークとライブラリは同じようなものですが、フレームワークの方は画面遷移などの情報構造を作る機能を持っているものを指しています。

●React（リアクト）

Facebook社が自社のサービス用に開発したフレームワークです（左ページの図）。
https://reactjs.org

●AngularJS（アンギュラージェイエス）

Google社などがWebサーバ側のフレームワークと併せて開発したフレームワークです。
https://angularjs.org/

●Backbone.js（バックボーンジェイエス）

上記2つに比べれば機能を少なく絞って設計されています。アプリケーションの骨組みを提供するフレームワークです。
http://backbonejs.org/

●Vue.js（ビュージェイエス）

単純かつ自由な設計が可能なフレームワークです。学習コストが比較的低いので、入門に最適です。
https://vuejs.org

・Column・ 外部のWebサービスを使うことの危険性

クレジットカード決済やメールマガジン配信など、自分で用意するのが大変なサービスを借りてきて利用できるのは、とても便利でありがたいものです。しかし、この「借りてきて使っている」ということを常に意識していないと、時々困ったことになるので注意が必要です。

外部のWebサービスを使った場合に考えられるリスクとしては、以下のようなものがあります。外部のサービスはあくまでも他社のサービスであって、自分ではコントロールできないものだということを把握しておく必要があります。世の中タダより高いものはありません。例えばGoogleがChromeやアナリティクスなど、さまざまなツールを無償で提供してくれているのは、その利用状況をデータとして蓄積し解析することで、自社の広告媒体としての価値を高めるために利用しているからです。

- ある一定の利用までは無料だが、本当は有料である
- 現在は無料だが、将来的に有料になる
- サービスが終了する
- サービスが中断している場合に影響を受ける
- 個人情報を預けている場合、事故の責任が誰にあるのか明確にならないことがある
- 漏洩事故などが起きても賠償責任などは追及できない
- 預けている情報が流用されていない保証はない
- サーバがどの国にあるかわからないこともあり、犯罪に巻き込まれた場合などに日本の法律を適用できないことがある

◆ Chapter 06

Webサイトを保存・管理・生成するWebサーバ側の技術

Visual Index ▶ Chapter 6
Webサイトを保存・管理・生成する　Webサーバ側の技術

Webサイトは、Webサーバにデータを保管することによってインターネット上に公開されます。Webサーバには、HTMLなどのファイルを直接保管する以外に、大量の情報を管理するデータベースや、ユーザに適切な内容を送り返すためのアプリケーションが動いています。最終的にWebブラウザで表示されるのはHTMLファイルに書かれた文章や画像ですが、その過程ではWebサーバ側での処理とWebブラウザ側での連携が不可欠です。ここでは、Webサーバ側のしくみを見ていきましょう。

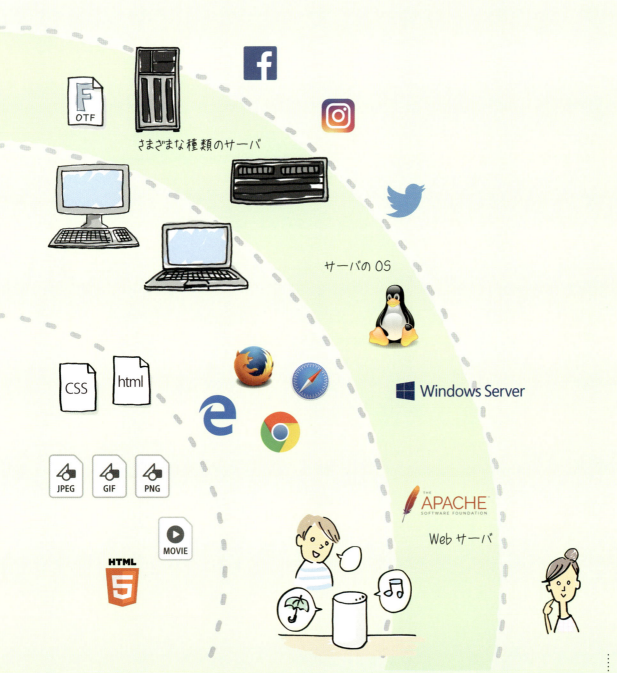

第6章 ▶ Webサイトを保存・管理・生成する　Webサーバ側の技術

lesson. 01 さまざまな種類のサーバ

インターネットを介してさまざまなサービスを提供するコンピュータは、サーバと呼ばれます。それに対してサービスを受け取るコンピュータをクライアントといいます。

サーバとは

インターネットの向こう側で管理されている各種情報は、実際には**サーバ**（server）と呼ばれるコンピュータ上でデータの入出力、運営、保存が行われています。サーバは、特殊なコンピュータではありません。ディスプレイやマウスなどは接続されていませんが、CPUやメモリ、SSDなどの構成要素は、一般的なパソコンと大差ありません。ただし、停電しても大丈夫なように電池がついていたり、LANケーブルを二重に接続していたり、設置されているビルが強固に作られていたりといったちがいがあります。

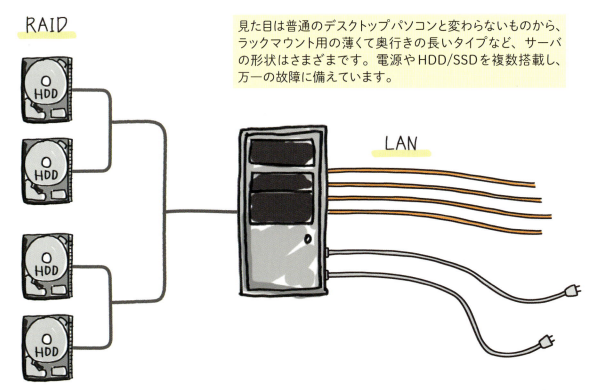

見た目は普通のデスクトップパソコンと変わらないものから、ラックマウント用の薄くて奥行きの長いタイプなど、サーバの形状はさまざまです。電源やHDD/SSDを複数搭載し、万一の故障に備えています。

◆ ラック（横幅19インチ、高さ1.75インチを単位とする機器収納の世界規格／ラックに取り付けることをマウントするといいます）
◆ RAID（レイド／複数のHDDに対して情報を読み書きすることで、安全性や速度を高める方法）

さまざまな種類のサーバ

サーバには、さまざまな仕事が割り振られています。1つのサーバで複数の処理を行う場合もあれば、1つのサーバが1つの処理のみを担っている場合もあります。サーバハードウェアは各社からさまざまな製品が発売されているため、それを購入して会社や家に設置することは可能です。しかし、役割ごとに必要なOSやハードウェアのスペックが異なったり、インターネット回線や大容量の電源が必要だったりと、設置、運用の難易度がかなり高いため、一般的にはインターネット経由で借りて使用します。金額は0円から毎月数百万円まで、性能や利用時間によって変動します。ひとまずは毎月数百円のレンタルサーバを借りてみて、管理画面を触ってみましょう。

●Webサーバ

Webサイトの情報を、Webブラウザからのリクエストに応じて送り返すサーバです。

●メールサーバ

メールの送信、受信を行うサーバです。

●ファイルサーバ

ファイルの保存を行うサーバです。NASとも呼ばれています。

●DNSサーバ

ドメイン名とIPアドレスの変換を行うサーバです。

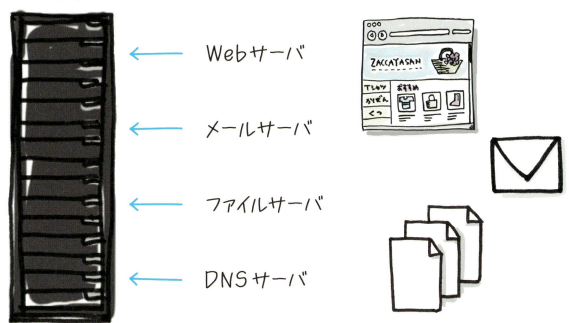

サーバにはさまざまな仕事が割り振られている

◆ NAS（ナス／Network Attached Storage）

第6章 ▶ Webサイトを保存・管理・生成する　Webサーバ側の技術

lesson. 02 クラウドコンピューティング

特定の1台のコンピュータを利用するのではなく、複数のコンピュータが集まったサーバ群の一部を利用するのがクラウドです。

クラウドとは

サーバを借りる場合、不動産と同じで一軒家を借りるか、マンションの一室を借りるかが選べます。それぞれメリットとデメリットがあるように、サーバも借り方によってできることに制限があったり、処理能力にちがいがあったりします。この借りる方法の1つに、**クラウド**を借りる方法があり、さまざまな側面からメリットが多く、現在の主流となっています。

クラウドは、インターネットに接続されたコンピュータの一部を、必要なサイズ、スペックで、必要な時間だけ利用することができるサービスです。計算能力や保存能力、処理速度に見合った金額を支払えばよく、必要に応じていつでも能力を増減できるというメリットがあります。

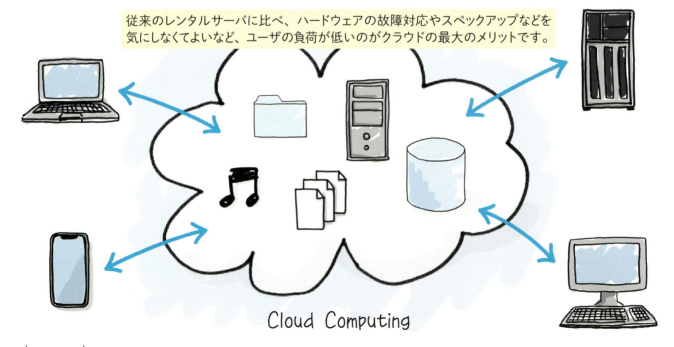

従来のレンタルサーバに比べ、ハードウェアの故障対応やスペックアップなどを気にしなくてよいなど、ユーザの負荷が低いのがクラウドの最大のメリットです。

Cloud Computing

代表的なクラウドサービス

クラウドには、さまざまな形態があります。ハードウェアやインフラを貸し出す**PaaS**や、特定の処理のしくみを貸し出す**SaaS**など、形態によって呼び名も変わってきます。
代表的なクラウドサービスに、AmazonのAWS（Amazon Web Service）、GoogleのGCP、MicrosoftのAzure、国内企業ではYahoo！JAPAN系列のIDCFクラウドなどがあります。各社、各サービスごとに、さまざまな貸し出し方が用意されています。
利用料金も安いため、Webサイトの規模の大小を問わず、Webサーバやデータベースサーバなどのインフラはクラウド上に用意することが一般的になりました。
各社それぞれに特徴があり、金額や使いやすさが異なります。中でもAmazonのAWSは、クラウドコンピューティング界を牽引する立場にあるといえます。

国	提供会社	サービス名		特徴
アメリカ	Amazon	Amazon Web Services	amazon web services	最大手
アメリカ	Microsoft	Azure	Azure	Windows開発環境との親和性が高い
アメリカ	Google	Google Cloud Platform	Google Cloud Platform	Googleのインフラが使える
日本	IDCFクラウド	IDCフロンティア	IDCFrontier	Yahoo！JAPAN系列
日本	さくらのクラウド	さくらインターネット	SAKURA internet	老舗

◆ **PaaS**（パース／Platform as a Service）
◆ **SaaS**（サース／Software as a Service）

サーバのOS

lesson. 03

パソコンにWindowsやmacOS、スマートフォンにiOSやAndroidといったOSがあるように、サーバにもOSがあります。それが、LinuxとWindowsです。

Linux

サーバで使われているOSに、**Linux**があります。WindowsやmacOSよりも前から存在し、現在のコンピュータの母体を作ったともいえるOSにUNIXがありますが、このUNIXから派生したのがLinuxです。Linuxの最大の特徴は、オープンソースソフトウェアであるということです。無償であるがゆえに広く開発が行われ、さまざまなコンピュータ上で動くLinuxが作られました。Macで使われているmacOS、スマートフォンのOSであるAndroidも、Linux系のOSです。Webサーバの代表的なアプリケーションであるApacheや、データベースアプリケーションのmySQLをはじめ、インターネットで利用されている多くのアプリケーションがUNIX上で開発、運用されています。

次期Windowsも含め、UNIXの設計思想を受け継いでいるOSは多いです。

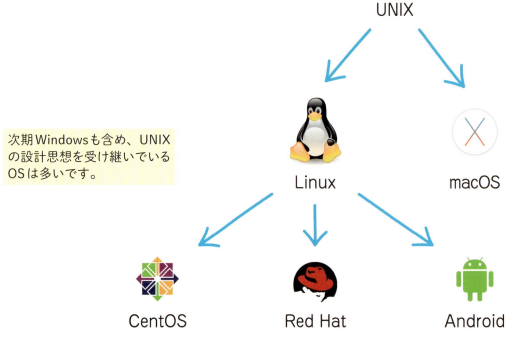

- ◆ **Linux**（リナックス）
- ◆ **UNIX**（ユニックス）

Windows Server

Windows Serverは、パソコン用のOSであるWindowsと同じMicrosoft製のサーバ用OSです。Windowsと相性がよく、ユーザ認証サーバやメールサーバなど、企業内の業務システムとしてよく利用される機能を持っているため、社内向けのシステムを開発する場合などによく使われます。

UNIXやLinuxとWindows Serverのどちらがよいかということではなく、案件の規模、やりたいこと、スタッフの練度、予算などによって、適した方を選択するべきです。企業内のネットワーク（イントラネット）における情報共有などでは、Windows Serverとクライアント用のWindowsを組み合わせて真価を発揮する場面も多くあります。それに対してLinuxには、OSの中身が公開され、世界中で開発や監視が続けられているオープンソースであるというメリットがあります。一概に、どちらのOSを選択するべきかは決められません。

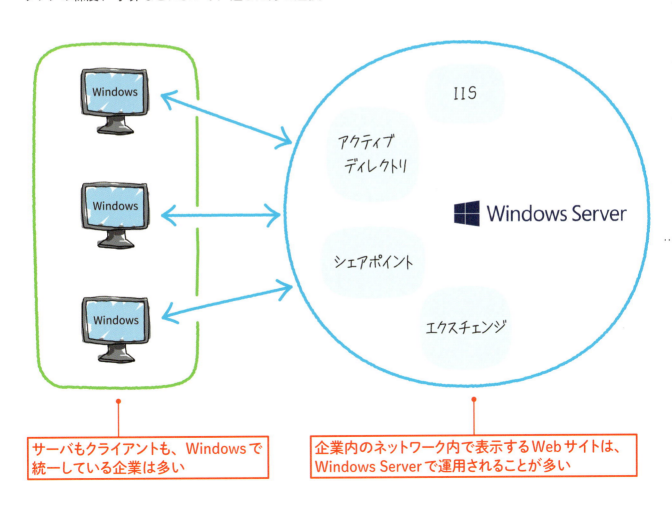

サーバもクライアントも、Windowsで統一している企業は多い

企業内のネットワーク内で表示するWebサイトは、Windows Serverで運用されることが多い

第6章 ▶ Webサイトを保存・管理・生成する　Webサーバ側の技術

lesson. 04 Webサーバ

Webブラウザからのリクエストに応えて、Webサーバはあらかじめ用意された
HTMLファイルや画像ファイルなどを送り返します。

Webサーバとは

Web サーバは、Webブラウザなどのクライアントからのリクエストをもとに、データベースへ問い合わせたり、各種計算を行ったりして、その結果を送り返します。それによってWebサイトが表示され、ブログやショッピングなどの機能が実現されています。このしくみを担っているのが、Webサーバ用アプリケーションであるApacheです。

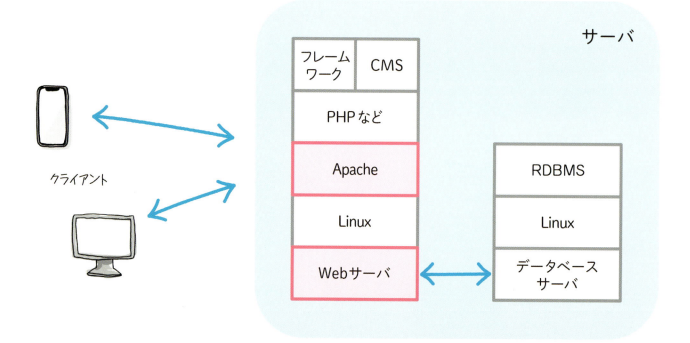

◆ **Apache**（アパッチ／Apache HTTP Server）

Apache

Apacheは、世界でもっとも利用されているWebサーバ用アプリケーションです。Webサイトの歴史は、Apacheとともに歩んできたといっても過言ではありません。Webブラウザは時代とともに多様化しましたが、Webサーバといえば今でも暗にApacheを意味しています。開発開始から20年以上たちますが、いまだにバージョンが2.4にとどまるなど、広く、長く安定して使われているアプリケーションです。インターネット上にあるWebサーバの40％以上で、Apacheが動作しています。Apacheは、UNIXやLinuxはもちろん、macOS、Windowsでも動作するオープンソースソフトウェアです。Apache以外のWebサーバ用アプリケーションには、リバースプロキシやロードバランサの機能を有し、アクセス数の大きなサイトに適したオープンソースのnginx、Microsoft社の製品であるWindows ServerのIISなどがあります。

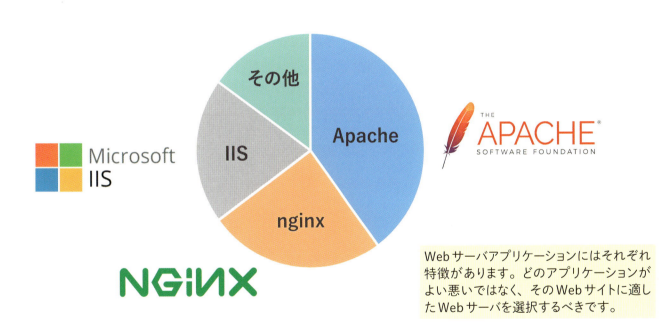

Webサーバアプリケーションにはそれぞれ特徴があります。どのアプリケーションがよい悪いではなく、そのWebサイトに適したWebサーバを選択するべきです。

✓ Check！　HTTP/2

HTTPは、30年前に開発されたWebサーバとWebブラウザ間の通信ルールです。URLは「http://」で始まりますが、これはHTTPというプロトコルで通信を行いますよ、ということを意味しています。

現在はWebブラウザとWebサーバの間での情報のやりとりを多重化するなど、結果的にWebサイトの表示を高速にできるHTTP/2（Hyper Text Transfer Protocol version 2）に対応した環境が主流になっています。

◆ **nginx**（エンジンエックス）
◆ **IIS**（アイアイエス／Internet Information Services）

第6章 ▶ Webサイトを保存・管理・生成する Webサーバ側の技術

lesson. 05

データベースサーバ

データベースサーバは、住所録や商品一覧などのデータを管理するためのサーバです。クライアントからのリクエストに応じて、情報を取り出します。

データベースサーバとは

データベースサーバは、データベース管理システムが動作しているサーバのことです。WebブラウザからWebサーバへリクエストが送られると、Webサーバはデータベースへ必要な情報を問い合わせて、その結果をWebブラウザに送り返します。規模の大小を問わず、多くのWebサイトでデータベースが動作しています。

例えばショッピングサイトの場合、個人の名簿、商品リスト、運送会社リストなど、データベース内のさまざまな情報を組み合わせて処理することで、買い物が成立しています。このように複数のデータベースをまたいで操作することを、RDBMSといいます。

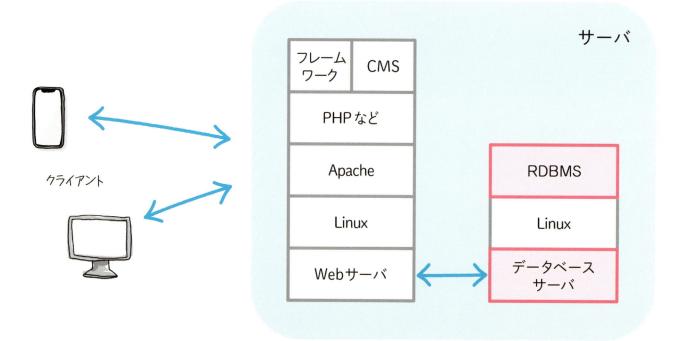

◆ RDBMS（アールディービーエムエス／Relational DataBase Management System／リレーショナルデータベース管理システム）

SQL

Webサーバからデータベースサーバに送られる命令を、**クエリ**（query）といいます。このクエリは、多くの場合**SQL**という言語のルールを使用しています。データベースサーバには、Oracle Database、Microsoft SQL Server、MySQLなどのデータベースアプリケーションがあります。いずれも共通の基本的な考え方によって成立しているので、プログラムを直接流用はできなくても、ある程度の汎用性はあります。

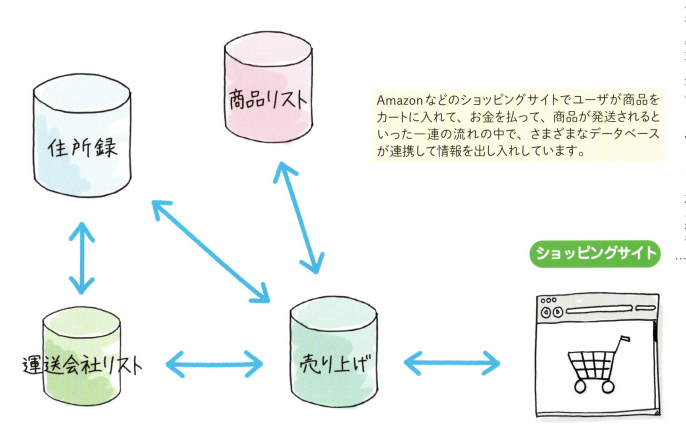

Amazonなどのショッピングサイトでユーザが商品をカートに入れて、お金を払って、商品が発送されるといった一連の流れの中で、さまざまなデータベースが連携して情報を出し入れしています。

◆ **SQL**（エスキューエル／Structured Query Language）

Webアプリケーション

Webブラウザ上で使用するWebアプリケーションは、デバイスにインストールする必要がないため、環境を選ばず利用することができます。

Webアプリケーションとは

通常のアプリケーションは、パソコンやスマートフォンなどの端末にインストールしてから動作します。そのため、アプリケーションがインストールされた環境でしか利用することができません。それに対してWebサーバにアプリケーションを用意し、Webブラウザを使って利用できるようにしたものが、**Webアプリケーション**です。インターネットに接続できる環境があれば、どこからでも利用することができます。代表的なWebアプリケーションに、MicrosoftのOffice OnlineやGoogleのGmailなどがあります。広い意味では、検索サイトやSNSなどもWebアプリケーションといえます。

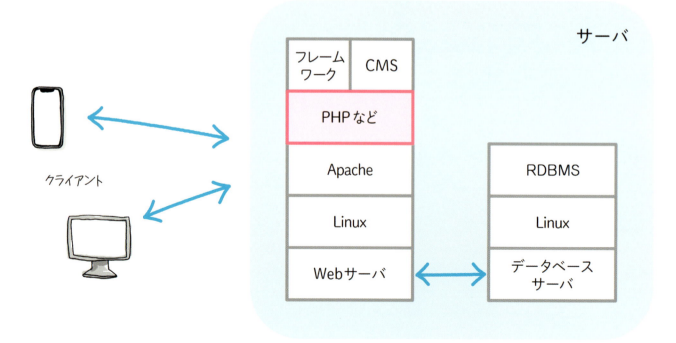

Webサーバで動くプログラミング言語

Webサーバ上で動くアプリケーションは、さまざまなプログラミング言語によって作られています。中でもApacheなどのWebサーバアプリケーションとともに動く言語には、「ユーザからのクリックといったリクエストに応じて動作が始まる」「処理の結果として、Webページが返される」といった特徴があります。プログラミング言語はWebサーバからの指示をもとにデータベースサーバに情報を問い合わせて、その結果をWebサーバ経由でユーザに送り返します。各プログラミング言語は、処理内容によって得意・不得意や、適切なWebサイトの規模、親和性の高いサーバOSやWebサーバ、データベースなどにちがいがあります。そのため、一概にどの言語がよいかということはいえません。

● Java（ジャバ）

Androidアプリの開発言語としても使われているオブジェクト指向言語です。Webサーバとしては、銀行などの大規模なシステム構築も可能な設計となっています。

● Ruby（ルビー）

日本で開発された言語です。Webアプリケーションフレームワークruby on railsとともに使われている事例が多いです。

● PHP（ピーエイチピー）

開発者人口も多く、アップデートも頻繁にあります。HTMLの中に混ぜて書く方法から、本格的なオブジェクト指向開発まで可能で、多くのWebアプリケーションが作られています。

● C#（シーシャープ）

Microsoft製のプログラミング言語で、.NET Framework環境でのWebアプリケーション開発などに使われています。比較的最近開発されているので、先進的な仕様を多く実装した言語になっています。

● JavaScript（ジャバスクリプト）

通常はWebブラウザ側で使われる言語ですが、Webサーバ側でJavaScriptを使えるようにしたnode.jsを利用することで動作します。

第6章 ▶ Webサイトを保存・管理・生成する　Webサーバ側の技術

lesson. 07

Webアプリケーションフレームワーク

CSSやJavaScriptにフレームワークがあるのと同様に、サーバ側のWebアプリケーションにも便利なフレームワークがあります。

Webアプリケーションフレームワークとは

P.127でも出てきましたが、さまざまな構造に関わる機能一式を提供してくれるのがフレームワークです。中でもWebアプリケーション開発用のフレームワークのことを、**Webアプリケーションフレームワーク**といいます。

会員管理や商品管理、コンテンツ管理など、多くのWebアプリケーションで求められる機能は同じようなものです。多くのWebアプリケーションフレームワークが、これらの機能を提供してくれます。

フレームワーク	言語
Spring	JAVA
rails	ruby
Laravel	PHP
Symfony	PHP

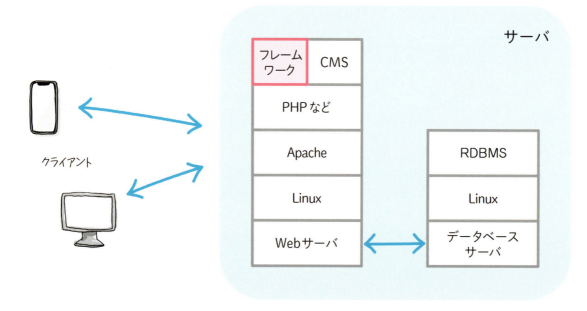

144

MVC

Webアプリケーションを作るにあたってよく使われる考え方に、**MVC**があります。1つのアプリケーションを、考え方（Model）、見た目（View）、制御（Controller）の3つに分けて実装していくというものです。これは本書に登場したフレームワークやライブラリでも取り入れられている、一般的な概念です。

Model	考え方。関数やルールなど
View	見た目。HTMLなどの表現方法
Controller	制御。入力処理

▶**Webアプリケーションにおける MVCの実行順序の様式図**

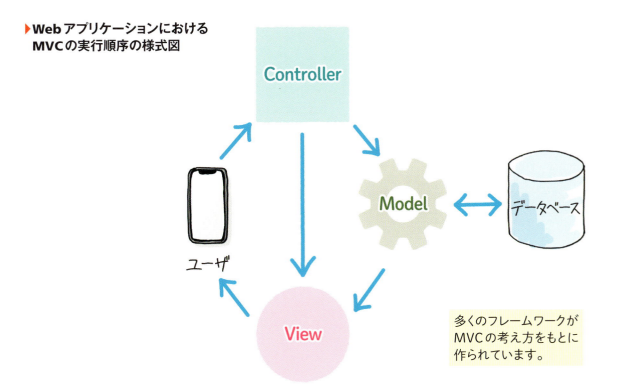

多くのフレームワークがMVCの考え方をもとに作られています。

REST

1つのWebアプリケーションが、他のWebアプリケーションとの間で連携する、情報をやりとりするという場面が増えてきています。その際、それぞれのWebアプリケーションが**REST**という設計思想にもとづいている（RESTful／レストフル）かどうかが重要になってきます。RESTfulなAPIとは、一定のルールやマナーに従って設計されたAPIのことです。アプリケーションにとっても、それを設計する人間にとっても、リソースの有効利用につながります。

◆ **MVC**（エムブイシー／Model View Controller／モデル ビュー コントローラ）
◆ **REST**（レスト／REpresentational State Transfer）

第 6 章 ▶ Webサイトを保存・管理・生成する　Webサーバ側の技術

lesson.
08 コンテンツマネージメントシステム

コンテンツマネージメントシステム（CMS）はブログ、ソーシャルメディア、ネットショップなど、さまざまなWebサイトを構築するためのWebアプリケーションです。

コンテンツマネージメントシステムとは

HTMLなどの知識がなくても、管理画面からWebサイト内の情報（コンテンツ）を更新できるようにしたしくみのことを、**コンテンツマネージメントシステム（CMS）**といいます。ニュース記事、ブログ、商品紹介など、幅広く利用されています。Webブラウザ上で操作を行うことから、CMS自体がWebアプリケーションであるといえます。CMSは多くの場合、Webサーバにインストールして使用します。

CMSは、有料、無料でさまざまな種類が配布されています。その中から、サイトの用途や規模によって適切なものを選択します。インストールして完成ではなく、Webサイトの目的に合わせて、機能や見た目のカスタマイズを行っていきます。さまざまなCMSの中で、圧倒的に大きなシェアを持っているのがWordPress（ワードプレス）です。

● concrete5（コンクリートファイブ）

PHPで書かれているオープンソースのCMSです。直感的に操作できる編集画面や、サイト全体をツリー表示できる、よく使う機能をドラッグ＆ドロップで利用できるなど、使い勝手のよさが特徴です。

https://www.concrete5.org

● Sitecore（サイトコア）

Windows Server上で動く大規模CMSです。有償のアプリケーションで、ユーザの動向分析にもとづくWebサイトの表示変更など、マーケティングツールを統合しています。
https://www.sitecore.com/

● baserCMS（ベイサーシーエムエス）

WebアプリケーションフレームワークCakePHPで書かれている、日本で開発されたオープンソースのCMSです。SQLデータベースが用意できない環境でも動作するなど、柔軟な設計が特徴です。
https://basercms.net

◆ CMS（シーエムエス／コンテンツ マネージメント システム／Content Management System）

WordPress

WordPressは、世界でもっとも利用されているCMSです。もともとはブログを書くためのツールとして誕生しましたが、現在では企業サイトやキャンペーンサイト、さまざまな規模の情報サイトなどで利用されています。

PHPで記述され、オープンソースのため無料で利用できます。日本でも開発者が多いため情報が豊富にあり、CMSの学習にも適しています。ただし、広く使われているが故に攻撃対象になりやすく、セキュリティリスクが高いというデメリットがあります。とはいえ、開発人口も世界最大であるためセキュリティ対策を講じるまでの速度も速く、正しく運用すれば比較的安全なCMSであるといえます。

WordPressの管理画面

> Webサイト全体の25%、CMSの50%がWordPressといわれているほど、圧倒的にシェアが大きいCMSです。

・Column・ これからも広がるWebデザインの世界

本書ではWebサイト制作に焦点をあて、どのような技術が必要で、どのように作っていくのかを具体的に見てきました。Webサイトの技術、インターネットの技術は、現在も急速に広がり続けています。ここでは「これからのWebデザインの世界」について知っておくべき話題をいくつか見てみましょう。

● Webサイト制作技術の汎用化

HTMLやCSSなど、Webサイトを作る技術は世界的に標準化が図られています。そのため、設計思想自体が汎用化を前提としています。街で見かける巨大なデジタルサイネージ（大型のディスプレイを使った電子広告）の配信システムがWebサーバのCMSで管理されていたり、地デジのテレビ放送のデータ放送部分がHTML（BML）で書かれていたりと、すでに一般的に想像されるWebサイト制作の領域からはみ出した利用も多くなっています。

● Webブラウザ側の技術でアプリケーションを開発する

パソコンやスマートフォンでWebサイトにアクセスするには、WindowsやiOSのようなOS上で動く、1つのアプリケーションとしてのWebブラウザが必要です。この「WebブラウザでWebサイトを表示する」機能を活用することで、Webサイトとしての見た目や動きを作っていた技術を、アプリケーションの見た目や動きを作る技術に転用することが可能になります。その結果、アプリケーション作成のために別の言語を習得する必要がなくなったり、OS間のちがいが吸収されたりします。Webサイトを作る技術を持っている人であれば、誰でもアプリケーション開発ができるようになるのです。

▶ HTMLやCSS、JavaScriptを使ってアプリケーションを作る

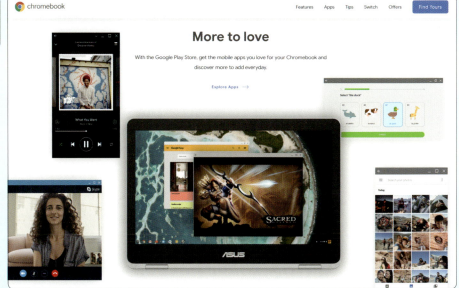

Webサイト制作の技術でアプリケーションを作ったり、OS自体がインターネットに接続している状態を前提としているなど、Webとアプリケーションの境目が薄くなってきています。

● さらなるクラウド依存が進む

Webサーバやファイル保管、メールサーバといった目的にクラウドを使うことは、すでに一般的なものとなっています。今後は、アプリケーションとデータをクラウドに置いておき、任意のデバイスでさまざまな場所からクラウドにアクセスし、利用するといった事例が増えていくでしょう。

例えばソニーのPS4では、手元のゲームパッドの操作をクラウドに送信し、クラウドから送られてきたゲーム画面を動画として受信することで、ゲーム機本体がなくてもプレイを可能にしています。ユーザ側の操作に付随して処理するものと、クラウド側で処理するものとに分けているのです。

● AIの利用

Amazon Alexa（アマゾン アレクサ）やIBM ワトソン、Google DeepMind（グーグル ディープマインド）に代表される人工知能（AI）は、膨大な量のデータ分析や状況判断をクラウド経由で行っています。これらはもはや大学や研修所内だけのものではなく、身近なスマートフォンアプリから業務システムまで、一般に幅広く使われています。

例えばAmazonで買い物をしていると、オススメ商品が出てきます。これは過去のAmazonの購買履歴などのビッグデータから、AIが傾向や類似性を考えて提案しているのです。またAdobe Photoshopでは、Photoshopの機能の一部としてクラウド側の人工知能「Sensei」を使った画像処理を行っています。

▶ オススメ商品

自分や自分と同じ商品を閲覧、購入した人のページの閲覧時間や順番、クリックした場所など膨大な行動履歴（ビッグデータ）から、現在の商品ページへの関連度が高いものをオススメ商品として表示する

▶ 画像や映像の処理

コンピュータの性能が飛躍的に向上したことにより、これまで時間のかかっていた画像や映像の処理も速くなった

● すべてのモノがインターネットにつながる

IoT（アイオーティー／Internet of Things）とは、すべてのモノをインターネットに接続することで、今までにない便利な世の中を作ることができる、という考え方です。照明の明るさや鍵の開け閉め、エアコンの調整など、家電や家具、車、自転車、あらゆるものをインターネットに接続することで管理が簡単になり、スマートフォンなどを介してユーザの意思を伝えることができます。

インターネット上のデバイスを特定するためのIPアドレスが不足している問題は、IPv6の普及とともに解決しつつあります。技術的な障壁は小さくなり、今後は具体的にどうしていくべきかを考えるタイミングとなっています。

▶Amazon Dash Button（アマゾンダッシュボタン）

ボタンを押すだけで商品を簡単に注文できる

▶NTTドコモの自転車レンタル事業

サービス全体は壮大なしくみだが、ユーザとの接点はWebサイトやアプリとなっている

● 電子書籍

電子書籍のEPUB（イーパブ）という標準規格の中身はWebサイトの技術でできています。EPUBは普通にWebサイトを作って目次情報を追加し、zipで圧縮しているファイル形式です。

日本では電子書籍元年といわれてもう数年がたちますが、なかなか爆発的な普及には至っていません。とはいえスマートフォンでの漫画閲覧などでは、かなり浸透してきました。英語などのアルファベットで表現する言語の場合、横書きで文字の画数も少ないので画面表示に向いていますが、日本語は画数が多く縦書き文化ということもあり、そもそも画面表示には向かないという側面もあります。

▶Kindle（キンドル）

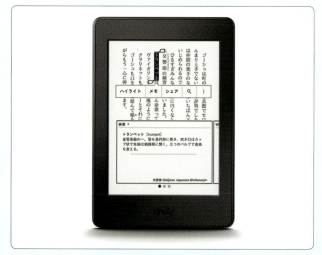

● ハードウェアのプロトタイピング

今までインターネットにつながっていなかったものをインターネットにつなぐ。つながっていないなら、そのつなぎ目を作ればよい。そんな無限のアイデアを実装するためのハードウェアのプロトタイピングツールが、各社から発売されています。これらのハードウェアはWebサイトやWeb制作の技術と相性がよく、多くのAPIがインターネット経由で利用できるようになっています。

▶ Arduino（アルデュイーノ）
パソコンからプログラムを書き込んで使うマイコン

▶ Raspberry Pi（ラズベリーパイ）
単独でも動作が可能な小さなパソコン

▶ micro:bit（マイクロビット）
無線通信が簡単に使えるプログラミング教育用デバイス

● VRはもっと身近に

VRとは、バーチャル リアリティの略で、仮想現実と訳されます。ゴーグルの形状をしたセンサー付きのディスプレイの中に、コンピュータ上で作った3D空間が表示され、その中に自分が入り込んだかのような感覚を体験できます。数年前までは高価な機材が必要でしたが、現在はFacebookメッセンジャーが進化し、Oculus（Facebook社のVRゴーグル）ならインターネット接続と3万円以下の低価格な機材で、一緒に話しながらゲームをしたり映画を見たりといったことが現実のものとなっています。この仮想世界の中にも、Webサイトの技術が使われています。

いつの時代も繰り返されるように、VR普及のキラーコンテンツはVHSやインターネットと同じでしょう。人間の基本的欲求のエネルギーはたいしたものです。

▶ Oculus Go（オキュラスゴー）
Facebook製の低価格なVRゴーグル

▶ ホロレンズ
Microsoft製のAR用ゴーグル。現実世界の上に3DCGを重ねて表示できる

● デザイン

WebデザインやUIデザインは、すでに奇抜な個性を競い合う時代は終わり、自動車やドア、イスなどと同じように、誰が見ても使い方がわかるものであるべき時代になりました。Googleが提唱しているマテリアルデザインやAppleのiOSの指針が示すように、ユーザがスマートフォンというタッチパネルのデバイスに慣れてきたため、現実の模倣をして暗に操作を教える必要がなくなったのです。

今後は、デザインが「よりシンプル」になっていく傾向にあります。こうした流れの中で、本書でも多用している手書きのイラストや文字、意味のある動き（インタラクション、フィードバック）など、内容そのものの見せ方や色や質感のちがいによる差別化が重要になっていきます。

▶以前のiOSのUIデザイン
現実世界のように立体感を重視し、手前に浮いているから押せるという概念を提示している

▶現在のiOSのUIデザイン
タッチパネルは平面を触るものという物理的な特性を踏まえ、現実世界にはない概念でデザインされている

● Material Design

Googleが提唱するデザインシステムMaterial Design（マテリアルデザイン）は、Webサイトやスマートフォンアプリのデザインを行う上で、とても参考になります。ここでまとめられているルールは満点ではありませんが、ユーザインターフェースとしての完成度、デバイスの多様性への対応、見た目の美しさなどを考慮すると、現時点でもっとも参考にするべきルールブックです。

▶Material Design

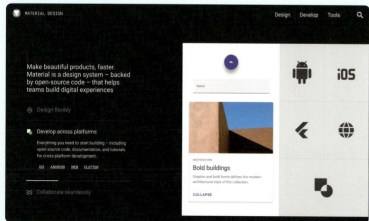

https://material.io/

● すべてWebでよいのか？

本書では、あらゆるものがWebへ集まり、Webを中心に世界が動くといった書き方をしてきました。インターネットラジオも人気ですし、個人が映像の生配信を行ったり小学生の憧れの職業がYouTuberだったりと、既存のメディアは次第にWebとの融合が進み、やがて淘汰されていくでしょう。しかし、今年や来年の話をするなら、テレビや紙の新聞の影響力はまだまだ大きいといえます。高齢者の地上波テレビ視聴率は高く、いまだ多くの家庭が新聞配達を受け取っています。もし高齢者向けの商品キャンペーンを企画した場合、いくらすばらしいWebサイトを作っても、新聞の折り込みチラシの方が効果的な場合があります。

▶ Abema TV
アメブロなどを運営しているサイバーエージェント社が立ち上げたインターネット上のテレビ局。このサイト自体がシングルページアプリケーション

https://abema.tv/

▶ radiko.jp
インターネット経由でラジオ放送が聴けるサービス。電波法など、さまざまな制約がある中で、地方限定の放送を全国どこでも聴けるようにするなど、既存メディアの新しい展開例

http://radiko.jp/

● これから

ここに出てこなかったドローン、フィンテックやブロックチェーン、3Dプリンタなども、広い意味でWebデザインと関係があります。Webサイト制作は常に新しい技術との戦いですが、言語を作っている言語は今でもC言語ですし、色彩や比率の理論なども普遍的です。

この革新と普遍の両方を取り入れて未来を作る。大げさに書くと、Webデザインとはそういう制作分野です。多めに見積もっても、まだスマートフォンは15歳、Webは30歳なのですから、まだまだ成長期です。成長を見守りつつ、世界全体でよりよい方向へと導いていきたいものです。

索引

〔数字〕

24bitフルカラー ... 89
2段階認証 ... 125

〔A〕

Adobe XD ... 20, 84
AI ... 42, 149
alt属性 ... 98
Amazon Echo ... 42
Android ... 39
Android Auto ... 43
Apache ... 139
API ... 122, 124
APIキー ... 125
Apple CarPlay ... 43
Apple Watch ... 43
Arduino ... 151
AWS ... 135

〔B〕

Bing ... 27
body要素 ... 67, 68
Bootstrap ... 75
bps ... 112

〔C〕

canvas要素 ... 102
CDN ... 121
Chrome ... 53
Chromeデベロッパーツール ... 84
CMS ... 146

〔D・E〕

CPU ... 46
CSS ... 23, 72
CSSスプライト ... 99
CSSプリプロセッサ ... 75
CSSフレームワーク ... 75

DNS ... 50, 133
DOM ... 119
dpi ... 90
Edge ... 53

〔F・G〕

Facebook ... 28
Firefox ... 53
GET ... 117
GIF ... 94, 97
Google ... 26
Google Home ... 42
Googleマップ ... 25
GPU ... 46

〔H〕

H.264 ... 111
H.265 ... 111
HDD ... 46
head要素 ... 67, 70
HTML ... 22, 66
HTML5 API ... 122
HTMLファイル ... 66

Index

HTMLフォーム　116
http　55
HTTP/2　139
https　55

〔 I 〕

Illustrator　18, 100
imgタグ　98
Instagram　28
Internet Explorer　53
IoT　150
IP　49
iPhone　39
IPv4　51
IPv6　51
IPアドレス　50

〔 J 〕

JavaScript　118
JavaScriptフレームワーク　127
JavaScriptライブラリ　120
JPEG　94
jQuery　121

〔 L・M 〕

Let's Encrypt　55
LINE　28
Linux　136
micro:bit　151
MVC　145
MVNO　60

〔 O・P 〕

OGP　71
OS　136
PaaS　135
PNG　94, 96
POST　117
PowerPoint　18

〔 R 〕

Raspberry Pi　151
RDBMS　140
reCapcha　125
REST　145
RGB　89

〔 S 〕

SaaS　135
Safari　53
SEO　27
Simulator　84
Sketch　20
SNS　28, 65, 71
SPA　126
SQL　141
src属性　98
SSD　46
SVG　101

〔 T 〕

TCP　49
Twitter　28

type指定 … 117

〔U・V〕

UI … 21
UNIX … 136
URL … 51
VR … 151

〔W〕

Web3D … 103
Webアプリケーション … 142
Webアプリケーションフレームワーク … 144
Webサーバ … 54, 133, 138
Webサイト … 12
Webフォント … 105
Webブラウザ … 53
Windows Server … 137
WordPress … 147
WWW … 52

〔X・Y〕

Xcode … 84
Yahoo! … 27
YouTube … 25, 111

〔あ行〕

アイコン … 106
アイコンフォント … 107
アクセシビリティ … 82
アナリティクス … 31
アプリケーション開発 … 148
「いいね!」ボタン … 28

位置情報 … 123
インターネット … 48
インチ … 88
ウェアラブルデバイス … 43
運用 … 30
映像 … 25, 65, 108
エミュレータ … 84

〔か行〕

解像度 … 90
画像 … 24
画像ファイル … 92
クエリ … 141
クラウド … 134, 149
グリッドレイアウト … 75
ゲーム機 … 41
検索エンジン … 26
検索サイト … 26
コンテンツマネージメントシステム … 146
コンピュータ … 44

〔さ行〕

サーチコンソール … 31
サーバ … 54, 132
サイトマップ … 18
ジェスチャー … 47
写真 … 65
シングルページアプリケーション … 126
スキーム名 … 51
スマートスピーカー … 42
スマートフォン … 39
ソーシャルメディア … 28

Index

ソフトキーボード …………………………… 47

〔 た行 〕

タグ ………………………………………… 22
タグマネージャ …………………………… 31
タッチパネル ………………………… 47, 81
縦横比 ……………………………………… 88
タブレット ………………………………… 39
地図 ………………………………………… 25
ディスプレイ ……………………………… 88
データベースサーバ …………………… 140
デザインカンプ …………………………… 19
デジタル …………………………………… 45
デバイスの制御 ………………………… 123
テレビ ……………………………………… 41
転送レート ……………………………… 112
ドメイン名 ………………………………… 50

〔 は行 〕

バイト ……………………………………… 45
ハイパーリンク ……………………… 22, 52
パケット …………………………………… 48
パソコン …………………………………… 40
ビット ……………………………………… 45
ビットマップ画像 ……………… 93, 94, 98
ファイルサーバ ………………………… 133
フォント ………………………………… 104
プロトコル ………………………………… 49
プロトタイピング ………………………… 20
ページ構成 ………………………………… 65
ベクター画像 …………………… 93, 100
ボックス …………………………………… 73

〔 ま・や行 〕

メールサーバ …………………………… 133
文字情報 …………………………………… 64
モバイルファースト ……………………… 78
ユーザインターフェース ………………… 80

〔 ら行 〕

リンク ……………………………………… 69
レイアウト ………………………………… 77
レスポンシブイメージ …………………… 99
レスポンシブウェブデザイン …………… 79
レンダリングエンジン …………………… 53
論理解像度 ………………………………… 91

〔 わ 〕

ワールド ワイド ウェブ ………………… 52
ワイヤーフレーム ………………………… 18

157

| 著者 | # ロクナナワークショップ | 67WS |

ロクナナワークショップは
アドビ認定トレーニング
センター（AATC）です。

原宿・表参道にあるロクナナワークショップは、Web制作会社ロクナナが運営する大人のための「Web制作の学校」です。

「制作とは何か？」といった初心者向けの講座から、デザインや高度なプログラミングまで幅広く学べます。
すぐに使えるノウハウや実践的なテクニックを現役クリエイターがしっかり教えます。

"これからはじめたい" という気持ちがあれば大丈夫です。
実際にWebサイト制作に触れてみてください。

企業研修や学校の課外授業、各種会場への講師派遣などもお気軽にご相談ください。

＊受講のお申し込み・お問い合わせ

| ロクナナワークショップ 🔍 |

ロクナナワークショップ
〒150-0001
東京都渋谷区神宮前1-1-12
原宿ニュースカイハイツ204号室
E-mail : workshop@67.org
https://67.org/ws/

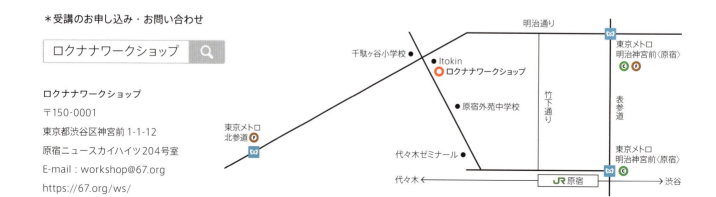

■ 問い合わせについて

本書の内容に関するご質問は、下記の宛先までFAXまたは書面にてお送りください。なお電話によるご質問、および本書に記載されている内容以外の事柄に関するご質問にはお答えできかねます。あらかじめご了承ください。

〒162-0846
東京都新宿区市谷左内町21-13
株式会社技術評論社　書籍編集部
「デザインの学校　これからはじめる　Webデザインの本 [改訂2版]」質問係
FAX番号　03-3513-6167

なお、ご質問の際に記載いただいた個人情報は、ご質問の返答以外の目的には使用いたしません。また、ご質問の返答後は速やかに破棄させていただきます。

カバーデザイン・本文デザイン	武田厚志（SOUVENIR DESIGN INC.）
カバーイラスト・本文イラスト	（株）ロクナナ
DTP	技術評論社　制作業務部
編集	大和田洋平
技術評論社ホームページ	https://gihyo.jp/book/

[著者略歴]
ロクナナワークショップ
https://67.org/ws/
Webデザインの学校ロクナナワークショップは、東京都渋谷区にあるアドビ認定トレーニングセンターです。Web制作の基本から最新技術や高度な制作スキルまで、Web制作に特化した講座を多数開講しています。

デザインの学校
これからはじめる　Webデザインの本
[改訂2版]

2017年　3月 20日　初　版　第2刷発行
2018年　9月 21日　第2版　第1刷発行
2021年　5月　4日　第2版　第3刷発行

著者	ロクナナワークショップ
発行者	片岡　巌
発行所	株式会社技術評論社
	東京都新宿区市谷左内町21-13
	電話　03-3513-6150　販売促進部
	03-3513-6160　書籍編集部
印刷／製本	昭和情報プロセス株式会社

定価はカバーに表示してあります。

本書の一部または全部を著作権法の定める範囲を超え、無断で複写、複製、転載、テープ化、ファイルに落とすことを禁じます。

©2018　株式会社ロクナナ

造本には細心の注意を払っておりますが、万一、乱丁（ページの乱れ）や落丁（ページの抜け）がございましたら、小社販売促進部までお送りください。送料小社負担にてお取り替えいたします。

ISBN978-4-297-10014-8　C3055
Printed in Japan